复旦卓越 · 建筑环境系列

DESIGN OF HVAC, WATER SUPPLY AND
DRAINAGE BASED ON BIM TECHNOLOGY

基于BIM技术的暖通、给排水设计

刘　峥　董傲霜　主编

U0276922

复旦大學 出版社

内容提要

　　本书共分6章，主要内容包括暖通负荷计算BIM模型创建、BIM数据模型标准gbXML交互、空调系统冷负荷计算、空气处理过程计算、气流组织计算、制冷机房设计、采暖系统热负荷计算、采暖系统水力计算、给排水与消防系统设计等。每一部分设计都有完整的计算案例，并讲解基于BIM技术的设计要点。

　　本书可作为高等院校建筑环境与能源应用工程专业、给排水科学与工程专业及其他建筑类专业教材，也可供从事有关暖通、给排水设计、施工等专业工程技术人员学习和参考。

前　言

本书是建筑环境与能源应用工程专业（以下简称建环专业）多年教学改革与实践经验的沉淀与升华，是基于"以学生为中心、以就业为导向、以能力为本位"人才培养目标的有效实用性教材。

本书突出了以下特点：

◆ **定位准确恰当，符合建环专业能力要求。**

本着"以就业为导向"的原则，以培养建环专业学生掌握基本的设计技能为目标，从实际工作出发，通过浅显易懂的案例介绍设计理论，其层次适应目前应用型本科建环专业学生的需求，其内容完全符合建环专业课程设计和毕业设计的要求。

◆ **基于 BIM 技术，符合土木建设行业数字化发展需求。**

当前，整个土木建设行业均在朝着信息化与数字化的方向飞速发展，信息技术不断进步，以信息化手段为核心实现建筑企业工作流程系统化、规范化，可以带来建筑业企业整体管理水平的大幅度提升。2016 年，住房和城乡建设部发布《2016—2020 年建筑业信息化发展纲要》，BIM 成为建筑业重点推广的五大信息技术之首。

依据党的二十大所提出的科技是第一生产力，人才是第一资源，创新是第一动力的会议精神，要全面提高建筑业信息化水平，着力增强 BIM、大数据、人工智能、物联网等信息技术集成应用能力，实现建筑业的数字化、网络化、智能化，中国建筑业已经进入智能建造的时代，我们的应用型本科人才培养也要服务于这一目标。

◆ **结构创新独特，符合应用型本科教学改革发展需求。**

与以往的建环专业教材相比，本书打破了以纯理论知识为核心的框架，按建环专业和给排水专业实际工作的流程安排章节内容，选取恰当的工程案例，使理论阐述浅显易懂。从内容上看，本书以课程设计和毕业设计的具体教学环节为核心，通过仿真案例逐渐渗透引入建环专业基本理论知识，使基础理论与实践相结合，逻辑层次分明，贴近工作实际。

◆ **写作方法别具一格，符合应用型本科院校学生认知能力需求。**

全书以案例教学为基本模式，即从实际的工程案例出发，遵循"实践—理论—实践"的写作模式，逐步引入设计的基本理念，并结合暖通空调、供热工程、建筑给排水、建筑冷热源等专业课授课内容，将传统理论再应用到工程设计当中，充分体现了教、学、做相结合的原则。与传统教材不同的是，本书在编写中，基础理论以适度够用为原则，并不拘泥于让学生掌握专业基础课的概念、内容和公式，而是通过大量的工程案例与实训，力求教会学生在课程设计和毕业设计中如何做，从而提升学生的工程概念和设计理念。

◆ **模拟仿真特色显著，符合真实的建环和给排水专业的工作情境**。

本书编排新颖，通俗易懂，简明实用，通过 BIM 技术，以三维图纸、软件操作界面截图以及各种行业手册信息汇总的形式丰富教材内容，激发学生的学习兴趣，增强学生的求知欲望。

本书既可作为应用型本科院校建环专业的课程设计和毕业设计的指导教材，也可作为建环专业和给排水专业设计以及施工岗位的培训教材，还可作为自学参考书。

本书由刘峥、董傲霜任主编，张丹、赵薇、邵雪任副主编，参加编写的人员还有崔鹏、刘舰、于戈、赵丽红、孟多、张鑫。

由于本书成书时间较短，加之编者水平有限，书中错误之处在所难免，敬请读者批评指正。

本书是辽宁工业大学的立项教材，并由辽宁工业大学资助出版。

编者

2024 年 7 月

目　　录

第1章
暖通负荷计算 BIM 模型创建

§1.1 基于 BIM 技术的暖通负荷计算原理

建筑信息模型(Building Information Modeling,BIM)是一种应用于工程设计建造管理的数据化工具。它具有可视化、一体化、参数化、仿真性、协调性、优化性和可出图性等特点。BIM 模型的丰富信息中包含了建筑物的几何模型信息,基于该信息可以对建筑物的空调冷负荷与采暖热负荷进行计算。

本教材以 Revit 软件为建模工具来完成负荷计算相关信息的建立。

Revit 软件建立的 BIM 模型包含完整的几何信息,因此由其他计算与分析软件读取相关信息后,便可识别围护结构朝向、围护结构面积、房间面积、房间体积、房间高度、所在层标高。

常规的 Revit 软件负荷计算主要技术路线有以下 3 种:

(1)基于 Revit 软件自身的负荷计算模块,输出为 html 格式,目前在我国工程业界使用得不多。

(2)不仅拥有完整的几何信息,同时还有完整的区域相关信息(如人员密度、人均新风量、房间性质等),并且还有围护结构的相关构造(窗、墙、楼板、屋顶厚度)参数,因此建筑物围护结构的热工系数也较为完整,一般以创建"空间"的方式导出为 gbXML 格式。

(3)仅包含完整的几何信息,并未输入区域相关信息、围护结构热工系数,一般以创建"房间"或"空间"的方式导出为 gbXML 格式,然后导入指定的负荷计算软件。本教材采用此种方法将 BIM 模型转换为 gbXML 格式后,最后导入暖通冷热负荷计算专用程序中进行计算。由于区域相关信息、围护结构热工系数等均为后期输入,因此可以与我国现行设计规范保持一致,操作流程简单,并且方便后期修改数据。

§1.2 Revit 基础知识

Revit 软件是 Autodesk 公司为 BIM 构建的,可帮助建筑相关领域工程师设计、建造和维护质量更好、能效更高的建筑,也是我国建筑业 BIM 体系中使用最广泛的软件之一。

Revit 软件是一个设计和记录平台,它支持 BIM 所需的设计、图纸和明细表。在 Revit 模型中,所有的图纸、二维视图和三维视图以及明细表都是同一个虚拟建筑模型的信息表现形式。对建筑模型进行操作时,Revit 将收集有关建筑项目的信息,并在项目的其他所有表现形式中协调该信息。Revit 参数化修改引擎可自动协调在任何位置(模型视图、图纸、明细表、剖面和平面中)进行的修改。

1.2.1　Revit 启动

双击桌面图标,点击"项目"选项组中"新建"按钮,选择样板文件为"建筑样板",单击"确定",进入 Revit 操作界面(以 Revit 2016 版本为例)。

(1) 快捷图标如图 1-1 所示。

图 1-1　Revit 快捷图标

(2)"开始"→"Revit 2016"。

(3) 双击"＊.rvt"文件也可启动 Revit。

1.2.2　Revit 操作界面

(1) 新建项目(见图 1-2、图 1-3)。

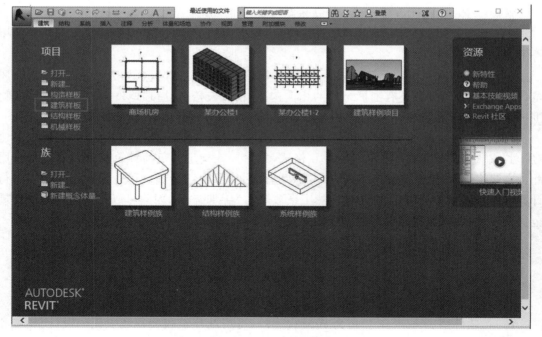

图 1-2　Revit 开始界面

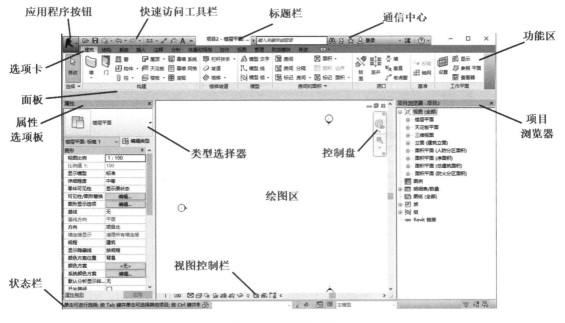

图 1-3 操作主界面

（2）新建项目样板选择（见图 1-4）。

图 1-4 新建项目对话框

（3）打开项目（见图 1-5）。

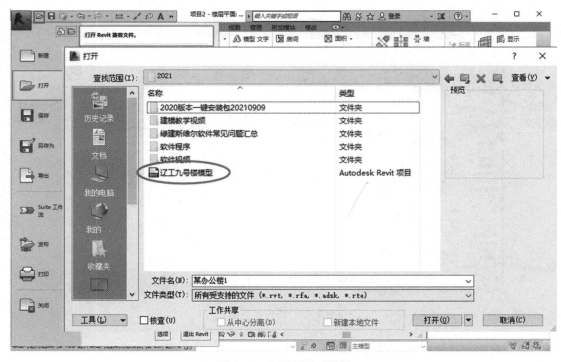

图 1-5　打开项目对话框

（4）保存项目，建议修改最大备份数为 3（见图 1-6）。

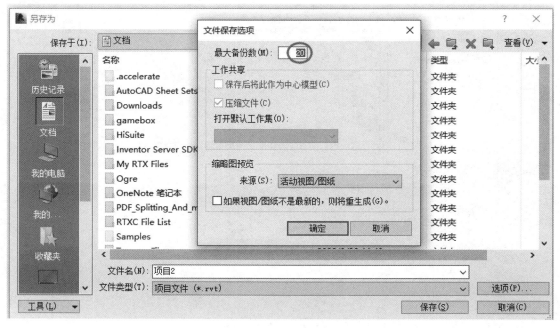

图 1-6　保存项目对话框

（5）关闭项目和关闭软件（见图 1-7）。

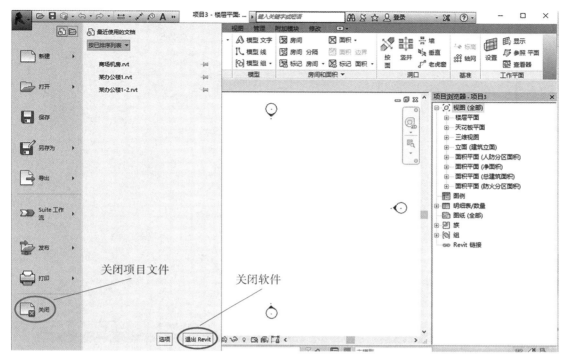

图 1-7　关闭项目和关闭软件对话框

§1.3　创建标高

（1）创建标高（见图 1-8）。

图 1-8　创建标高

（2）修改标高数值（见图 1-9）。

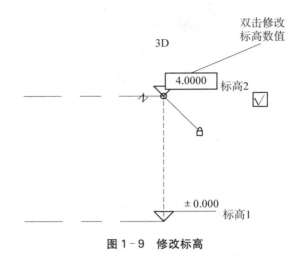

图 1-9 修改标高

（3）修改标高族参数（见图 1-10）。

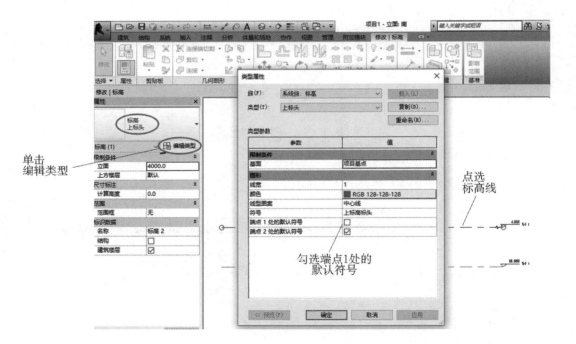

图 1-10 修改标高族参数界面

（4）添加标高（见图 1-11～图 1-14）。

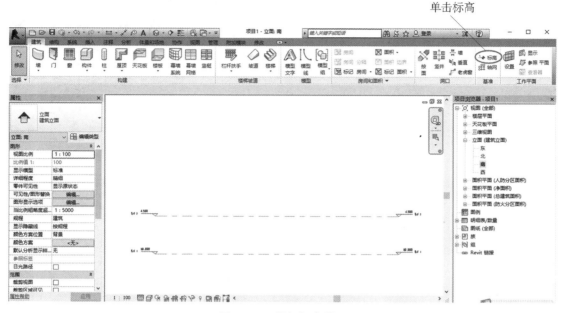

图 1-11　添加标高界面

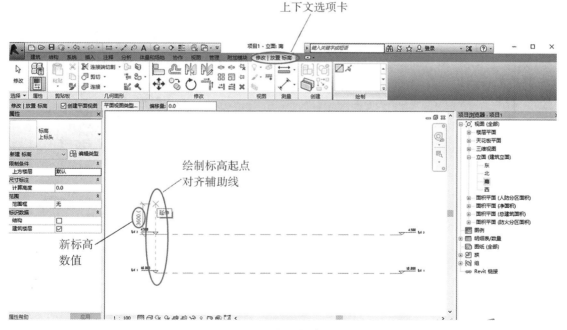

图 1-12　修改标高界面

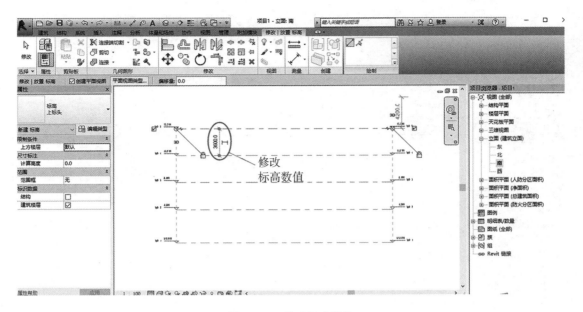

图 1-13　修改标高操作

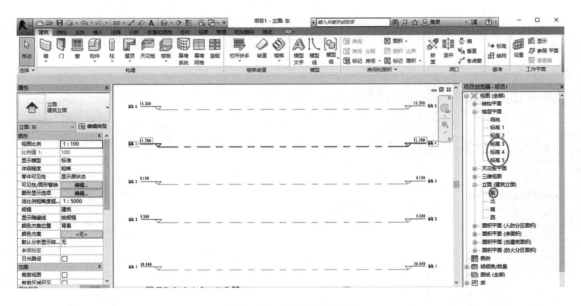

图 1-14　新增标高界面

§1.4　绘制轴网

1.4.1　创建轴网

（1）创建轴线（见图 1-15）。

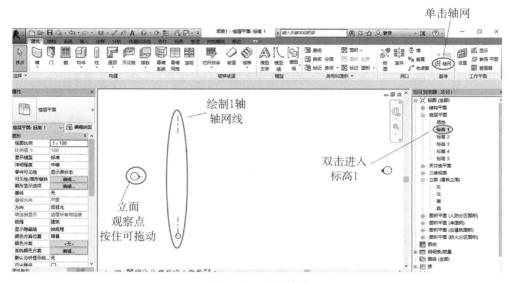

图 1-15　创建轴线

（2）修改轴网族类型参数（见图 1-16）。

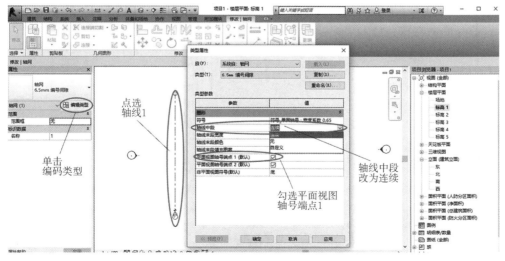

图 1-16　修改轴网族类型参数

（3）依次顺序添加竖直轴线（从左向右 1，2，3……）和水平轴线（从下向上 A，B，C……）（见图 1-17）。

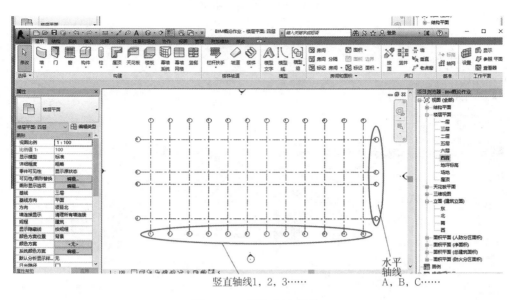

竖直轴线 1，2，3……

水平轴线 A，B，C……

图 1-17　添加竖直轴线

1.4.2　轴网与标高调整

轴网与标高调整详见图 1-18。

标高线与轴线没相交

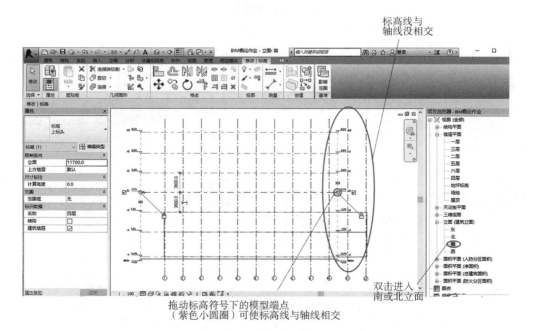

拖动标高符号下的模型端点
（紫色小圆圈）可使标高线与轴线相交

双击进入南或北立面

图 1-18　轴网与标高调整

§1.5　创建墙体

1.5.1　墙体的建立

单击以下位置的 ▢（墙：建筑）：

"建筑"选项卡 ➤ "构建"面板 ➤ "墙"下拉列表。

选择墙体后在视图窗口点击鼠标左键，拖动鼠标绘制墙体（见图 1-19）。需注意由于 Revit 软件绘制的墙体默认高度为 8 m，因此需要在左侧属性选项板中将顶部约束的参数由"未连接"修改为对应的房间顶部标高（如本层标高为标高 1，将其修改为"直到标高：标高 2"，见图 1-20）。

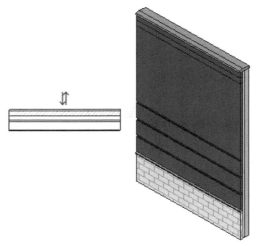

图 1-19　墙体的建立

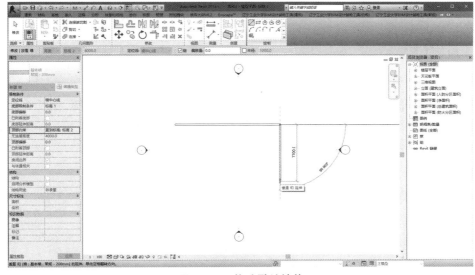

图 1-20　修改默认墙体

1.5.2 更改墙类型

更改墙类型详见图 1-21。

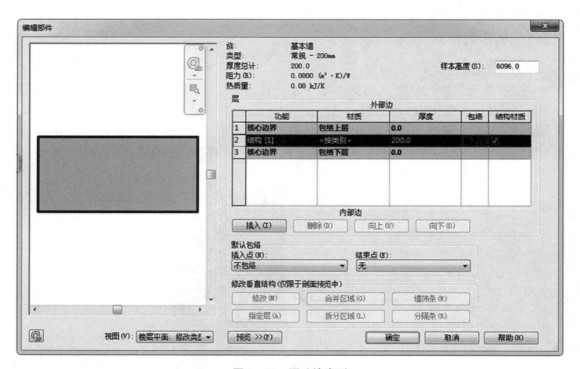

图 1-21 更改墙类型

§1.6 绘制门窗

1.6.1 放置门

"建筑"选项卡 ➤ "构建"面板 ➤ ▯（门）。

门是基于主体的构件，可以添加到任何类型的墙内。可以在平面视图、剖面视图、立面视图或三维视图中添加门。选择要添加的门类型，然后指定门在墙上的位置。Revit 将自动剪切洞口并放置门。详见图 1-22。

编辑门参数详见图 1-23。

1.6.2 添加门类型

（1）点选"建筑"选项卡"构建"面板（门）。

（2）点击属性栏中的"编辑类型"（见图 1-24）。

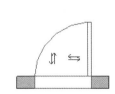

图 1 - 22　放置门

图 1 - 23　编辑门参数

图 1 - 24　添加门类型

（3）在弹出的类型属性对话框中点击"复制"（见图 1 - 25）。

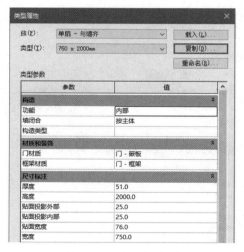

图 1 - 25　复制门类型

（4）修改名称，不得与原名称相同，应按照实际尺寸命名，方便使用（见图 1 - 26）。

图 1 - 26　修改门名称

（5）修改新的门类型的基本参数（见图 1-27）。

图 1-27　修改门类型的基本参数

1.6.3　放置窗

（1）单击"建筑"选项卡 ▶ "构建"面板 ▶ 圖（窗）（见图 1-28）。

注：若要从库载入其他窗类型，请单击"修改|放置窗"选项卡 ▶ "模式"面板 ▶ "载入族"，浏览到"窗"文件夹，然后打开所需的族文件。

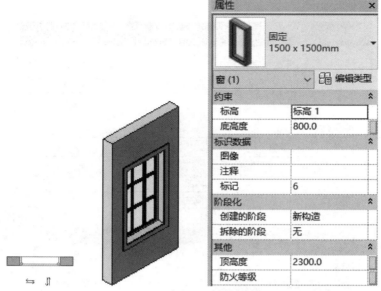

图 1-28 放置窗

(2) 编辑窗,主要是修改窗台高度以及窗体的高度与宽度数值(见图 1-29)。

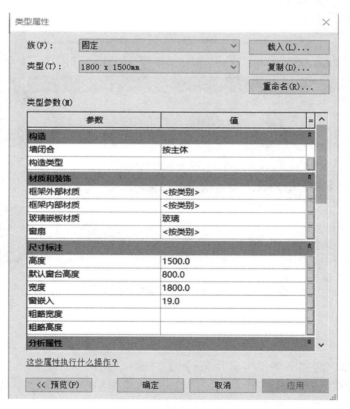

图 1-29 编辑窗参数

1.6.4　添加窗类型

（1）点选"建筑"选项卡"构建"面板（窗）。

（2）点击属性栏中的"编辑类型"（见图 1 - 30）。

图 1 - 30　添加窗类型

（3）在弹出的类型属性对话框中点击"复制"（见图 1 - 31）。

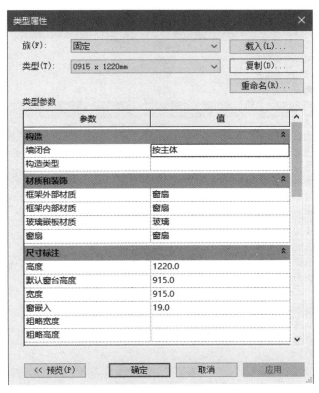

图 1 - 31　复制窗类型

（4）修改名称，不得与原名称相同，应按照实际尺寸命名，方便使用（见图 1-32）。

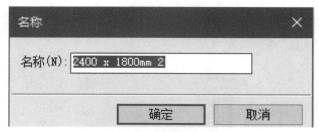

图 1-32　修改窗名称

（5）修改新的窗类型的基本参数（见图 1-33）。

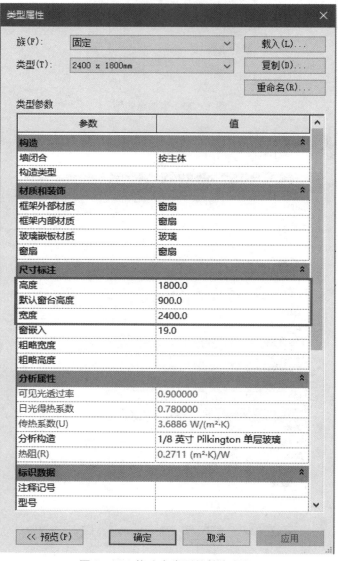

图 1-33　修改窗类型的基本参数

§1.7 绘制楼板

1.7.1 创建楼板

单击"建筑"选项卡 ➤ "构建"面板 ➤ "楼板"下拉列表 ➤ ▣（楼板：建筑）。

使用以下方法之一绘制楼板边界：

（1）拾取墙。默认情况下，"拾取墙"处于活动状态。如果它不处于活动状态，请单击"修改｜创建楼层边界"选项卡 ➤ "绘制"面板 ➤ ▨（拾取墙）。在绘图区域中选择要用作楼板边界的墙。

（2）绘制边界。要绘制楼板的轮廓，请单击"修改｜创建楼层边界"选项卡 ➤ "绘制"面板，然后选择绘制工具。

详见图 1 - 34。

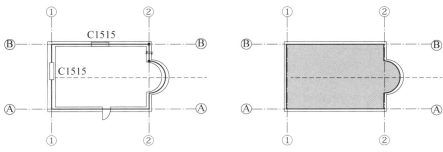

图 1 - 34 创建楼板

1.7.2 编辑楼板

编辑楼板详见图 1 - 35。

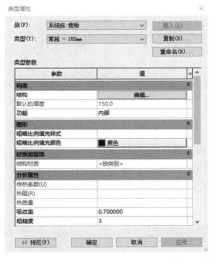

图 1 - 35 编辑楼板

§1.8 绘制屋顶

1.8.1 创建屋顶

单击"建筑"选项卡 ▶▶ "构建"面板 ▶▶ "屋顶"下拉列表 ▶▶ 🏳 (迹线屋顶)(见图 1-36)。

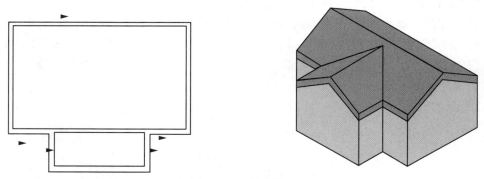

图 1-36 创建屋顶

如图 1-37 所示：

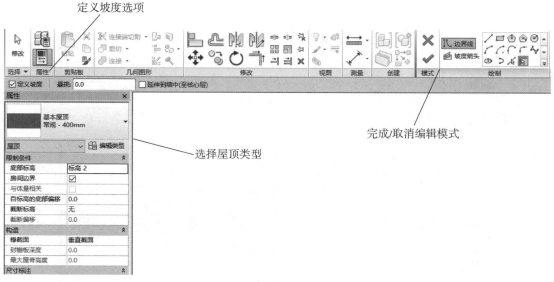

图 1-37 创建屋顶界面

（1）定义坡度选项处于勾选状态,则创建坡屋顶;若处于未勾选状态,则创建平屋顶。

（2）选择屋顶类型,可更换其他形式屋顶。

（3）在整个屋顶创建过程中,始终处于完成/取消编辑模式,需要点击"完成"或"取消"方可进行其他命令编辑。

1.8.2　编辑迹线屋顶

选择迹线屋顶,单击屋顶,进入修改模式,选择"编辑迹线"按钮,修改屋顶轮廓草图,完成屋顶设置(见图 1-38)。

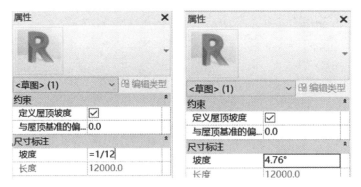

图 1-38　编辑迹线屋顶

点击屋顶,然后点击属性选项板上的"编辑类型"按钮,打开"类型属性"窗口(见图 1-39)。

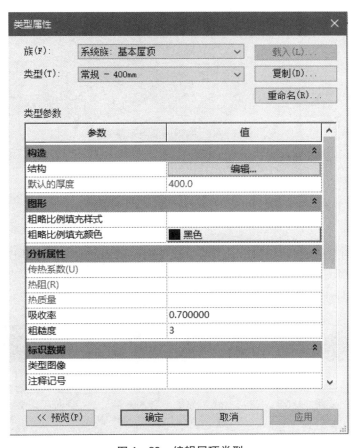

图 1-39　编辑屋顶类型

点击"类型参数"中的编辑按钮,进入编辑部件窗口,插入或删除新层可对屋顶结构进行调整,更改各层厚度可进行屋顶总厚度的编辑(见图 1‒40)。

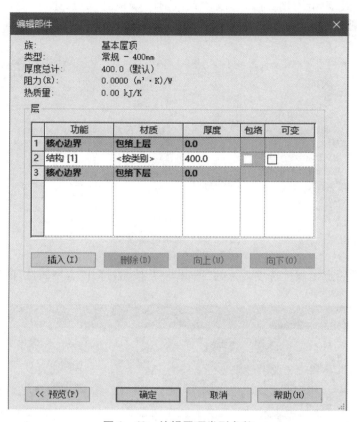

图 1‒40　编辑屋顶类型参数

§1.9　CAD 图纸的应用

鉴于目前暖通专业设计条件多为建筑学专业提供的设计图纸与模型的情况,下面介绍建筑专业 CAD 图纸引入的相关内容。

首先,进入软件上方的"插入"菜单栏(见图 1‒41)。

图 1‒41　"插入"菜单栏

CAD 图纸引入的方式主要有以下两种：

（1）链接 CAD。通过链接的方式引入 CAD 文件，外部的 CAD 文件依旧作为独立的文件存在，若 CAD 文件修改可重新链接该原始文件，类似于 CAD 软件中的"外部参照"的设计模式，适用于 CAD 文件变更较为频繁的工程。

（2）导入 CAD。将 CAD 文件作为 Revit 软件的一部分进行导入，导入后的 CAD 文件成为 Revit 软件的图元，类似于 CAD 软件中的"块"的使用，适用于 CAD 文件基本不再改动的工程（见图 1-42）。

图 1-42　导入 CAD 对话框

导入设置中的常规设置：

（1）仅当前视图。若处于勾选状态，则导入后只能在 Revit 导入的窗口中显示，其他窗口不显示；若处于未勾选状态，则导入后可在平面视图、三维视图等其他窗口可见。

若原始 CAD 文件已经按照不同楼层拆分完毕，建议选择勾选，且配合"放置于"命令使用；若原始 CAD 文件为完整文件，各楼层图纸混在一起，可选择未勾选状态，之后在 Revit 软件内部进行编辑。

需注意，只有使用"导入 CAD"方式，后续 CAD 文件才可编辑，"链接 CAD"方式不支持编辑，需要在 CAD 软件中编辑原始 CAD 文件，重新链接才行。

（2）颜色。可选择"保留"或"黑白"模式，"保留"模式为原始 CAD 文件，各图层颜色不变，"黑白"模式则将 CAD 文件与图形显示区域以黑白分明的方式显示，方便显示线条，但图形复杂时不易区分图元，建议选择"保留"模式。

（3）图层/标高。可选择需要导入或链接的 CAD 文件的图层与标高，在明确导入条件的情况下是可以选择的,一般选择"全部模式"。

（4）导入单位。由原始 CAD 文件中绘图单位决定,CAD 文件一般情况下为毫米单位,因此选择"毫米"的情况较多,如无法判断可选择自动检测,但该模式易出错,除非原始 CAD 图纸无任何单位显示,否则应先判定原始图纸单位(可对原始 CAD 图纸进行标注与测量,再辅以常识判断,如建筑物开间、进深的尺寸的数量级,一般即可确定原始单位)。

（5）纠正稍微偏离轴的线。当基于线的图元没有与水平方向、垂直方向或距水平/垂直方向 45°的线对齐时,会出现该警告信息。如导入的 CAD 文件墙体与轴线出现偏差,可勾选此选项重新导入。

（6）定位。可选择自动与手动模式,一般情况下选择自动模式即可,其中自动模式"自动—中心到中心"可将 CAD 文件的图形中心与 Revit 当前窗口中心重合,CAD 图形显示在 Revit 窗口中心区域,为比较常用的链接和导入模式。

自动模式的另一种"自动—原点到原点"可将 CAD 文件的原点与 Revit 窗口绘图区域的原点重合(见图 1-43),但 CAD 绘图区域的原点由于编辑过程中的操作,经常发生图形远离原点的情况,因此此种方式不建议选择。初学者使用此种方式链接或导入 CAD 文件时经常发生导入后看不见、找不到 CAD 文件,从而多次导入重复文件的情况。

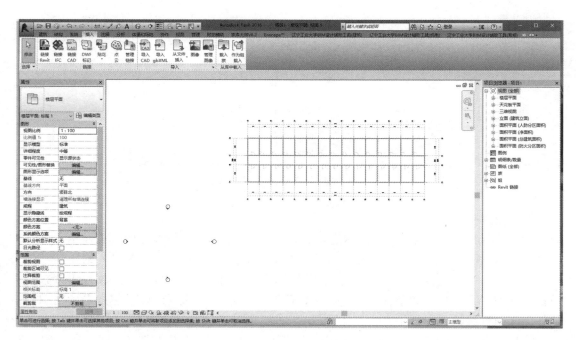

图 1-43 插入 CAD 原点界面

如出现导入的 CAD 文件不在视图中心区,可以手动将其移动调整到视图中心。若点击视图中的 CAD 图形出现图 1-44 中所示的锁定图标,需要用鼠标点击该图标解锁锁定状态。

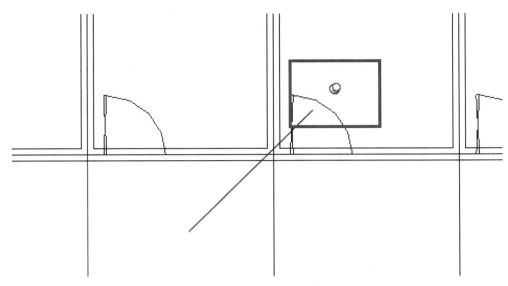

图 1-44　图元锁定状态

解锁后的视图状态如图 1-45 所示。

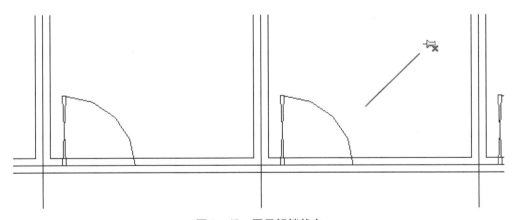

图 1-45　图元解锁状态

（7）放置于。将导入后的 CAD 文件放置于对应的 Revit 视图中，可以联合"仅当前视图"命令将 CAD 图纸先按照楼层拆分成多个 CAD 文件，再分别放置于不同的标高中。此命令可向下选择低于当前视图窗口标高的其他标高。

需注意，在很多使用场景中，若原始 CAD 文件较大，导入较慢或者无法导入时，可先将原始 CAD 文档按照楼层或区域拆分成若干个 CAD 文件，再依次导入或链接到 Revit 模型当中。

第 2 章
BIM 数据模型标准 gbXML 交互

§2.1 绿色建筑交互格式 gbXML 文件工作原理

2.1.1 绿色建筑交互格式 gbXML 文件简介

gb 为 Green Building(绿色建筑)之意,而 XML 则为 Extensible Markup Language,意为"可扩展的标记语言",用来存储和传输数据。

gbXML 用以存储建筑信息模型中的部分相关信息,使得建筑设计时的模型可以在众多的工程分析工具中使用。以 Revit 为代表的 BIM 软件具备将模型数据导出为各种分析软件专用的 gbXML 格式的功能。gbXML 已成为业内认可度最高的数据格式,包括 Graphisoft 的 ArchiCAD, Bently 公司的 Bently Architecture,以及 Autodesk 的 Revit 系列产品,均可将 BIM 模型导出为 gbXML 文件。

在选择 gbXML 作为 BIM 模型数据交换的标准时,应采用以下流程:

(1)通过 BIM 建模软件建立 BIM 模型,并对 BIM 模型进行简化处理,例如删除模型中非主要构件、简化 gbXML 文件、设置模型详细程度等;

(2)检查简化模型及房间信息设置是否正确,导出 gbXML 文件;

(3)将 gbXML 文件导入绿色建筑性能分析软件中。

2.1.2 gbXML 文件工作原理

图 2-1 为单个房间的建筑模型。

将其导出为 gbXML 后可看到文件的格式如图 2-2 所示。

其中主要信息如下:

表头部分 version="1.0"为版本号,encoding="UTF-16"为编码格式,当使用 Ecotect Analysis 等软件打开时可能会出现乱码,需要将 gbXML 文件另存为"ANSI"编码格式。

temperatureUnit="C"、lengthUnit="Meters"、areaUnit="SquareMeters"等信息为 gbXML 文件的单位,如面积的单位为平方米等。

Location 节点为建筑物的地理信息,包含经度(〈Longitude〉116.433)、纬度(〈Latitude〉39.916)、海拔(〈Elevation〉54.864)、所在国家与城市(〈Name〉中国北京)等相关信息。

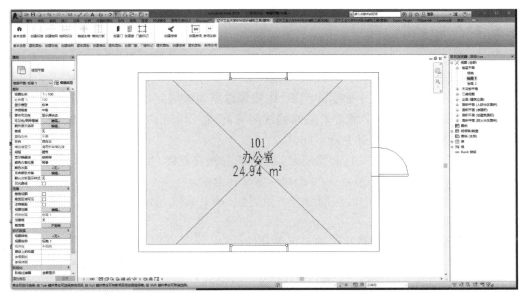

图 2-1　房间模型

```
1    <?xml version="1.0" encoding="UTF-16"?>
2   ⊟<gbXML useSIUnitsForResults="true" temperatureUnit="C" lengthUnit="Meters" areaUnit="SquareMeters"
3   ⊟  <Campus id="aim0002">
4   ⊟    <Location>
5          <StationId IDType="WMO">530177_2006</StationId>
6          <ZipcodeOrPostalCode>00000</ZipcodeOrPostalCode>
7          <Longitude>116.433</Longitude>
8          <Latitude>39.916</Latitude>
9          <Elevation>54.864</Elevation>
10         <CADModelAzimuth>0</CADModelAzimuth>
11         <Name>中国北京</Name>
12       </Location>
13  ⊟    <Building buildingType="Office" id="aim0013">
14         <StreetAddress>中国北京</StreetAddress>
15         <Area>27</Area>
16  ⊟      <Space buildingStoreyIdRef="aim0015" id="aim0024">
17           <Area>24.94</Area>
18           <Volume>99.76</Volume>
19  ⊞        <PlanarGeometry>...</PlanarGeometry>
43  ⊞        <ShellGeometry id="aim0034">...</ShellGeometry>
179 ⊞        <SpaceBoundary isSecondLevelBoundary="false" surfaceIdRef="aim0066">...</SpaceBoundary>
205 ⊞        <SpaceBoundary isSecondLevelBoundary="false" surfaceIdRef="aim0087">...</SpaceBoundary>
231 ⊞        <SpaceBoundary isSecondLevelBoundary="false" surfaceIdRef="aim0108">...</SpaceBoundary>
257 ⊞        <SpaceBoundary isSecondLevelBoundary="false" surfaceIdRef="aim0129">...</SpaceBoundary>
283 ⊞        <SpaceBoundary isSecondLevelBoundary="false" surfaceIdRef="aim0140">...</SpaceBoundary>
309 ⊞        <SpaceBoundary isSecondLevelBoundary="false" surfaceIdRef="aim0151">...</SpaceBoundary>
335          <Name>101 办公室</Name>
336          <CADObjectId>313765</CADObjectId>
337        </Space>
338 ⊟      <BuildingStorey id="aim0015">
339          <Level>0</Level>
340 ⊞        <PlanarGeometry>...</PlanarGeometry>
364          <Name>标高 1</Name>
365        </BuildingStorey>
366        <Name>bldg-1</Name>
367        <Description>Extracted from Revit model.</Description>
368      </Building>
```

图 2-2　gbXML 文件结构

Building 节点为建筑物基本信息,包含建筑类别(buildingType＝"Office")、建筑物总面积(〈Area〉27)、建筑物绝对标高(〈Level〉0)等信息,其中的 Space 子节点包含各个不同房间或空间的面积(〈Area〉24.94)、体积(〈Volume〉99.76)、房间名称(〈Name〉101 办公室)等信息,以及该房间所在的标高名称(〈Name〉标高 1)。

需要注意的是上述信息中的房间面积、体积等数据为该房间排除墙体之外的净余值,而非利用 CAD 图纸手工计算中常常采用的轴线间开间、进深等相关尺寸,因此其统计的面积与体积与传统统计方法之间有少许不同。

Space 子节点还包含了一个重要信息,就是该空间在建筑物中的身份标识 id 值(id＝"aim0024"),该值与 Surface 节点中的 spaceIdRef 相对应。

房间名称与 Revit 模型中的房间命名一致,且必须具有唯一性,否则将无法判断房间的围护结构包含哪些表面。

中间折叠起来的节点为建筑物的坐标等几何信息。

每个 Surface 节点表达一个对应的建筑物围护结构的表面信息,图 2-3 中所示外墙表面标识为 surfaceType＝"ExteriorWall"、id 为"aim0066",内墙表面标识为 surfaceType＝"InteriorWall",因此可通过表面标识来识别内外墙体。

图 2-3　gbXML 建筑物节点结构

AdjacentSpaceId 节点中的 spaceIdRef("aim0024")与 Space 节点的 id 值(id＝

"aim0024")一致,代表该表面属于房间或空间"101 办公室"。

通过节点"〈Width〉"可知该表面长度为 6 m,高度为 4 m。

由 Opening 节点可知,该表面之上有一个非闭合区域,并且开敞类型为窗(openingType ="OperableWindow"),窗宽 1.5 m,高 1.5 m。

由属性"〈CADObjectId〉固定:1500×1500 mm"可知该窗体为固定窗,而非玻璃幕墙。

根据〈CADObjectId〉节点的属性值"基本墙:常规 - 200 mm"可知该表面为墙体,且厚度为 200 mm。

由〈Name〉节点的属性值"N - 101 - E - W - 1"可知该面外墙的朝向为正北,其属性值的第一个字母"N"代表 North。

由前述可知,图 2 - 4 中两个 Surface 节点分别代表了两个不同的表面。

```
640  <Surface surfaceType="Roof" exposedToSun="true" id="aim0140">
641    <AdjacentSpaceId spaceIdRef="aim0024" />
642    <RectangularGeometry id="aim0141">
643      <Azimuth>180</Azimuth>
644      <CartesianPoint>...</CartesianPoint>
649      <Tilt>0</Tilt>
650      <Width>6</Width>
651      <Height>4.5</Height>
652    </RectangularGeometry>
653    <PlanarGeometry>
654      <PolyLoop>...</PolyLoop>
676    </PlanarGeometry>
677    <CADObjectId>基本屋顶: 常规 - 125mm [313756]</CADObjectId>
678    <Name>T-101-E-R-5</Name>
679  </Surface>
680  <Surface surfaceType="InteriorFloor" id="aim0151">
681    <AdjacentSpaceId spaceIdRef="aim0024" />
682    <AdjacentSpaceId spaceIdRef="aim0024" />
683    <RectangularGeometry id="aim0152">
684      <Azimuth>0</Azimuth>
685      <CartesianPoint>...</CartesianPoint>
690      <Tilt>180</Tilt>
691      <Width>6</Width>
692      <Height>4.5</Height>
693    </RectangularGeometry>
694    <PlanarGeometry>
695      <PolyLoop>...</PolyLoop>
717    </PlanarGeometry>
718    <CADObjectId>楼板: 常规 - 150mm [313746]</CADObjectId>
719    <Name>B-101-101-I-F-6</Name>
720  </Surface>
721  <Surface surfaceType="Shade" exposedToSun="true" id="aim0163">...</Surface>
760  <DaylightSavings>false</DaylightSavings>
761  <Name>Created from Revit</Name>
762  </Campus>
763  <DocumentHistory>...</DocumentHistory>
779  </gbXML>
```

图 2 - 4　gbXML 房间节点结构

其中,一个表面为屋顶(surfaceType="Roof"),长度为 6 m,宽度为 4.5 m。spaceIdRef 属性值为"aim0024",该表面属于房间"101 办公室",类型为基本屋顶:常规-125 mm。

另一个表面为楼板(surfaceType="InteriorFloor"),长度为 6 m,宽度为 4.5 m。spaceIdRef 属性值为"aim0024",该表面属于房间"101 办公室",类型为楼板:常规-150 mm。

楼板的 spaceIdRef 值在其上方、下方均有房间或空间时,其属性有两个不同的值,分别属于其上方、下方不同的房间。

§2.2 BIM 模型房间与空间的创建

2.2.1 创建房间

创建房间选项卡如图 2-5 所示。

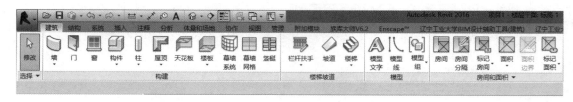

图 2-5 创建房间选项卡

(1) 手动布置房间方式:在闭合的房间内部点击鼠标(见图 2-6)。

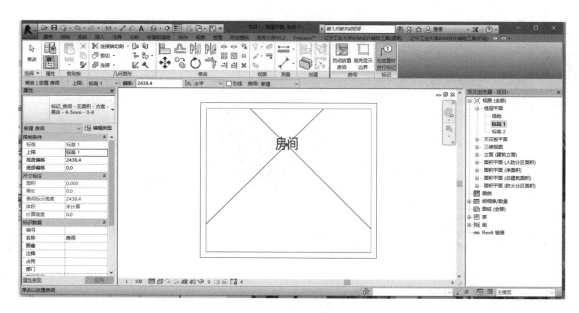

图 2-6 手动布置房间

（2）自动布置房间方式：点击"自动放置房间"按钮（见图 2-7）。

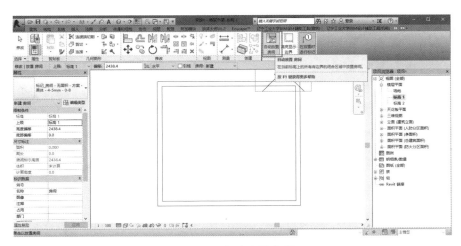

图 2-7　自动布置房间

2.2.2　创建空间

创建空间选项卡如图 2-8 所示。

图 2-8　创建空间选项卡

（1）手动布置空间方式：在闭合的空间内部点击鼠标（见图 2-9）。

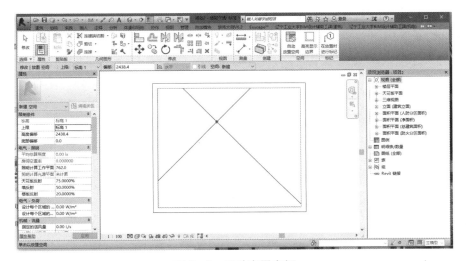

图 2-9　手动布置空间

（2）自动布置空间方式：点击"自动放置空间"按钮（见图 2-10）。

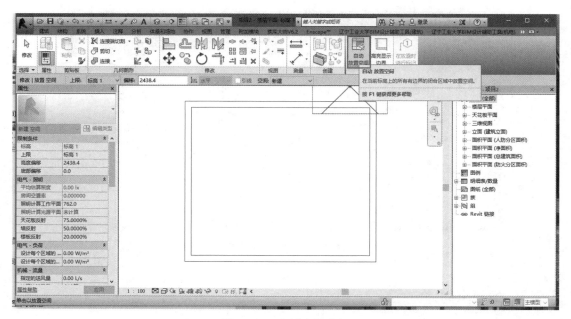

图 2-10　自动布置空间

§2.3　编辑房间与空间信息

2.3.1　房间与空间可视性调整

（1）当插入房间或空间后，若在视图中看不见已插入的房间或空间，可以点击属性栏中"可见性/图形替换"右侧的编辑按钮（见图 2-11）。

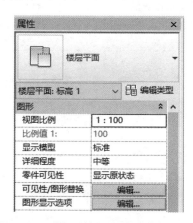

图 2-11　"可见性/图形替换"启动界面

（2）在可视性窗口中，将过滤器列表选择"建筑"和"机械"类别，两者分别对应"房间"与"空间"，然后在下方列表中"房间"与"空间"的相应项选中，即可实现房间与空间可视性调整（见图 2 – 12）。

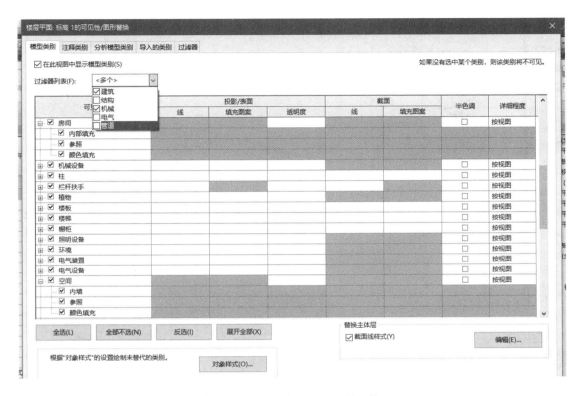

图 2 – 12　房间与空间可视性调整

2.3.2　更改房间与空间高度

（1）当不做任何修改，直接手动或自动插入房间或空间的时候，其高度偏移默认为 2 438.4 mm，一般不能充满模型内该房间或空间的全部区域，因此需要在插入房间或空间之前先手动修改高度偏移的数值，使其等于该房间层高（见图 2 – 13）。

（2）当忘记设置高度偏移或建筑模型层高有所变更时，不得点击房间或空间直接删除。由于 Revit 软件直接删除房间或空间只是将其在视图中删除，而未在模型中删除，因此会导致 gbXML 文件后续在其他软件中使用时出现数据错误的房间，从而无法计算。

如要彻底删除房间或空间，以及修改高度偏移数值，可以在明细表中进行操作，接下来简单介绍房间明细表的创建。

首先点击"分析菜单栏"的"明细表/数量"按钮（见图 2 – 14）。

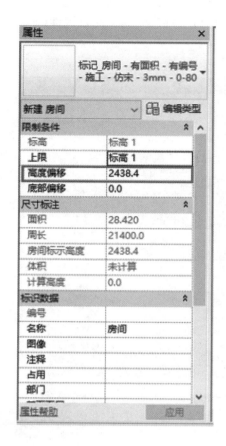

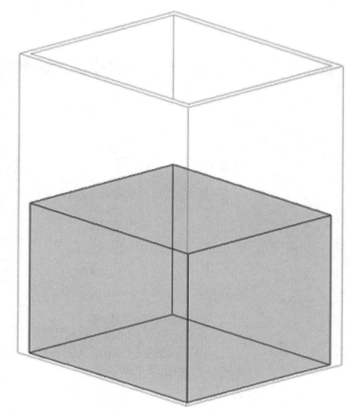

图 2‑13 更改房间与空间高度

图 2‑14 明细表选项卡

然后,在过滤器列表中勾选"建筑"选择项,在类别中选择"房间"选择项,点击确定进入明细表创建对话框(见图 2‑15)。

接下来在可用字段中依次选择"编号""高度偏移""标高",将其添加到右侧明细表字段中,点击确定创建可以修改高度偏移的明细表(见图 2‑16)。

最后,在弹出的明细表中可以根据房间或空间所在的标高进行高度偏移的修改;同时在明细表中单击具体的房间或空间所在行,点击上方"行"选项卡中的删除命令,可以删除对应区域的房间或空间(见图 2‑17)。

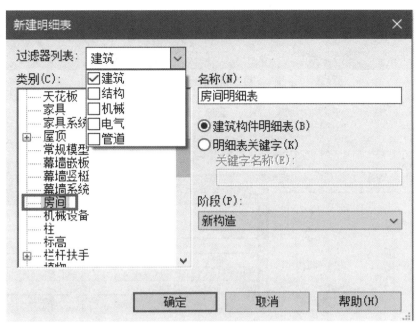

图 2-15　房间明细表创建对话框

图 2-16　房间明细表创建参数选择

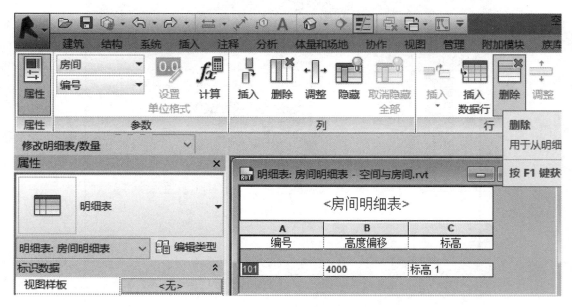

图 2-17 房间明细表

2.3.3 房间与空间标记

点击"注释"菜单栏中的"房间标记"和"空间标记"命令，可以对已经放置到模型中的房间和空间进行标记（见图 2-18）。

图 2-18 房间和空间标记

为后续的相关计算，对模型的房间或空间进行标记时，标识应为常见的建筑类标记，如 101、102、201、301 等形式。

（1）对房间做标记，修改房间或空间的名称（见图 2-19、图 2-20）。

图 2-19 房间名称选项卡

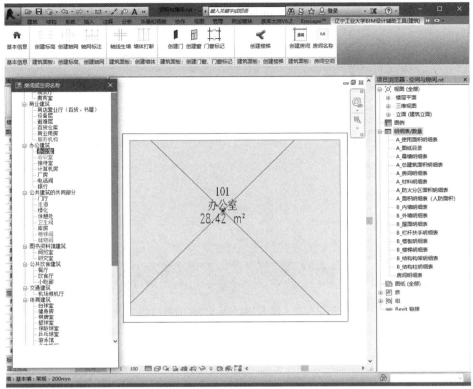

图 2-20　房间填充界面

选中已生成的"房间标记"族,在属性栏中点击"编辑类型"按钮弹出类型属性对话框,可以对"房间名称""房间编号""面积"进行显示和隐藏操作(见图 2-21)。

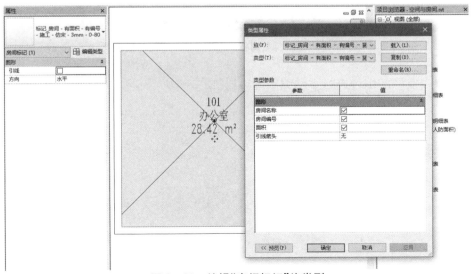

图 2-21　编辑"房间标记"族类型

　　(2) 对空间做标记:首次对空间做标记时会弹出是否载入"空间标记"族的对话框,点击"是"进入"载入族"窗口,找到对应的"空间标记"族,点击"打开"即可(见图 2‑22)。

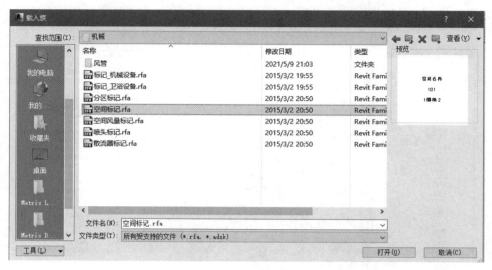

图 2‑22　载入"空间标记"族的对话框

　　"空间标记"族的具体目录可参见目录地址详图(见图 2‑23)。

图 2‑23　载入"空间标记"族的文件路径对话框

　　最后,单击空间的编号进行手动编辑即可(见图 2‑24)。

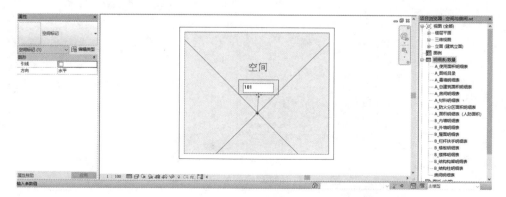

图 2‑24　手动编辑空间编号

§2.4　gbXML 文件导出

将房间或空间放置在模型中后,可以将模型导出为 gbXML,供其他软件分析。

(1) 将"房间"或"空间"添加到模型。

(2) 打开模型的三维视图。

(3) 单击"文件"选项卡导出 gbXML(见图 2-25)。

图 2-25　gbXML 文件导出

（4）在"导出 gbXML"对话框中，选择"使用房间/空间体积"。

（5）如果出现"未计算体积"对话框，并询问是否要启用"面积和体积"设置的消息，请单击"是"。

§2.5 检查 gbXML 文件完整性

（1）在分析模型中检查体积。

① 在"导出 gbXML"对话框中的"常规"选项卡上，为"导出类别"选择"房间"或"空间"（见图 2 - 26）。

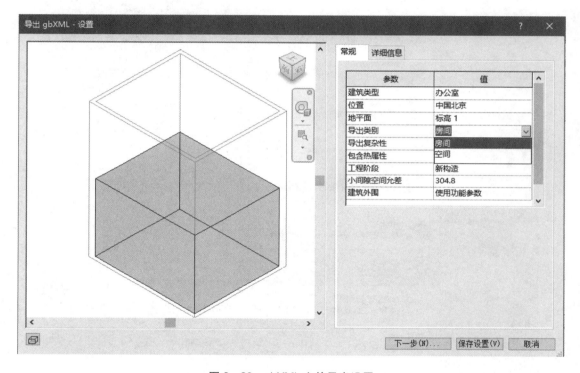

图 2 - 26 gbXML 文件导出设置

② 单击"详细信息"选项卡，在右侧窗格中展开建筑模型的树结构。

提示：可以右键单击某个条目以展开或折叠列表。

③ 如果软件对建筑或项目显示了警告，请选择项目，然后单击 ⚠ （显示相关警告）以了解其原因（见图 2 - 27）。

然后取消"导出 gbXML"对话框，并在建筑模型中改正问题。复查警告并改正问题，直到整个模型的所有警告都得到解决。

④ 在"导出 gbXML"对话框的预览中，放大、平移和旋转分析模型，以检查建筑中房间或空间的体积。

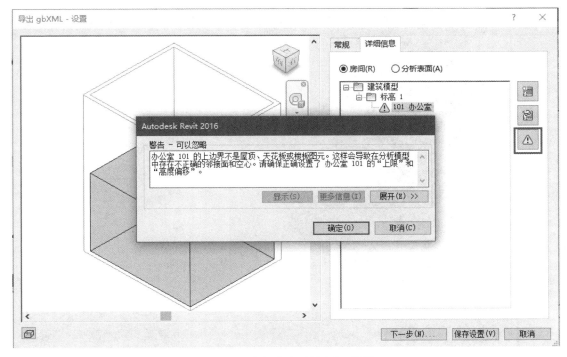

图 2-27 房间高度设置有误对话框

模型中所有房间或空间的体积中都应完全填入颜色。如果发现未填入颜色的房间或空间,应取消"导出 gbXML"对话框,并解决未着色的区域。如果区域小到不足以放置房间或空间,请将空洞、竖井和墙槽的体积并入相切的房间或空间。

注:小间隙空间以及与其关联的分区在分析模型中显示为已着色。小间隙空间不在平面或剖面视图中显示。

(2) 检查分析表面。

① 在"导出 gbXML"对话框中,在"详细信息"选项卡上,单击"分析表面",然后展开标高和房间或分区和空间(见图 2-28)。

② 建筑层次将展开,显示出"屋顶""内墙和外墙""楼板和板""窗""门""洞口"。这些内容会进一步展开,以便显示房间或空间的各个表面和洞口。

在某个房间或空间中,选择表面类型(例如内墙),然后单击 ▤(隔离)。

③ 根据需要放大、平移和旋转分析模型,以便检查模型中的所有表面,从而确保每个表面都被正确标识。

如果检测到没有正确标识的表面,则取消"导出 gbXML"对话框,并解决建筑模型中的问题。

④ 如果对分析模型的完整性感到满意,请单击"下一步"。

(3) 在"导出 gbXML"对话框中,定位到要保存 gbXML 文件的文件夹。

(4) 输入 gbXML 文件的名称,然后单击"保存"。

(5) Revit 使用分析体积将模型导出为 gbXML 文件并保存在指定位置。

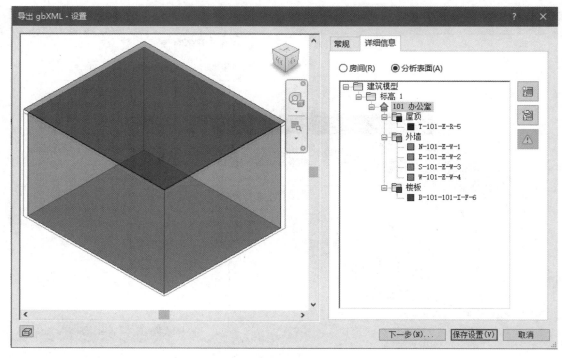

图 2-28　检查分析表面

第3章

空调系统设计

§3.1 空调系统方案的确定

根据空调建筑物或区域的特点,确定空调系统方案。主要内容包括:确定空调系统形式;空调系统冷热负荷计算方法;空气处理过程;气流组织形式;空调风、水系统形式;空调系统冷热源选择及冷热媒参数;主要设备的布置;通风及防排烟形式;管道材料及保温材料的选择等。

3.1.1 确定空调系统形式

空调系统一般由空气处理设备、空气输送管道、空气分配装置组成。

(1) 空调系统的分类见表3-1。

表3-1 空调系统的分类

分类	空调系统	系统特征	系统应用
按空气处理设备的设置情况分类	集中式系统	空气处理设备集中在机房内,空气经处理后,由风管送入各房间	单风管系统 双风管系统 变风量系统
	半集中式系统	除了有集中的空气处理设备外,在各个空调房间内还分别有处理空气的"末端装置"	风机盘管加新风系统 多联机加新风系统 诱导器系统 冷暖辐射板加新风系统
	全分散式系统	每个房间的空气处理分别由各自的整体式(或分体式)空调器承担	单元式空调器系统 房间空调器系统 多联机系统
按负担室内空调负荷所用的介质分类	全空气系统	全部由处理过的空气负担室内空调负荷	一次回风式系统 一、二次回风式系统
	空气-水系统	由处理过的空气和水共同负担室内空调负荷	风机盘管加新风系统 带盘管诱导器
	全水系统	全部由水负担室内空调负荷	风机盘管系统

续表

分类	空调系统	系统特征	系统应用
	制冷剂系统	制冷系统的蒸发器直接放室内，吸收余热余湿	单元式空调器系统 房间空调器系统 多联机系统
按集中系统处理的空气来源分类	封闭式系统	全部为再循环空气，无新风	再循环空气系统
	直流式系统	全部用新风，不使用回风	全新风系统
	混合式系统	部分新风，部分回风	一次回风系统 一、二次回风系统
按风管中空气流速分类	低速系统	考虑节能与消声要求的风管系统，风管截面较大	民用建筑主风管风速低于 10 m/s 工业建筑主风管风速低于 15 m/s
	高速系统	考虑缩小管径的风管系统，耗能多，噪声大	民用建筑主风管风速高于 10 m/s 工业建筑主风管风速高于 15 m/s

（2）各种空调系统的比较分级见表 3-2。

表 3-2　各种空调系统的比较分级

项目	系统分类				
	集中式系统		半集中式系统		分散式系统
	单风管定风量	变风量	风机盘管加新风	诱导器	单元式或房间空调器
初投资	B	C	A	B	A
节能效果与运行费用	C	A	B	B	A
施工安装	C	C	B	B	A
使用寿命	A	A	B	A	C
使用灵活性	C	C	B	B	A
机房面积	C	C	B	B	A
恒温控制	A	B	B	C	B
恒湿控制	A	C	C	C	C
消声	A	A	B	C	C
隔振	A	A	B	A	C
房间清洁度	A	A	C	C	C
风管系统	C	B	B	B	A
维护管理	A	B	B	B	C
防火、防爆、房间串气	C	C	B	B	A

注：A——较好；B——一般；C——较差。

（3）各种空调系统适用条件和使用特点见表 3-3。

表 3-3　各种空调系统适用条件和使用特点

空调系统	适用条件	空调装置	
		装置类别	使用特点
集中式	① 房间面积大或多层、多室而热湿负荷变化情况类似； ② 新风量变化大； ③ 室内温度、湿度、洁净度、噪声、振动等要求严格； ④ 全年多工况节能； ⑤ 采用天然冷源	单风管定风量直流式	房间内产生有害物质，不允许空气再循环使用
		单风管定风量一次回风式	① 可利用较大送风温差送风，当送风温差受限制时，须再加热； ② 室内散湿量较大
		单风管定风量一、二次回风式	① 可用于室内温度要求均匀、送风温差较大、风量较大而又不采用再加热的系统； ② 换气次数极大的洁净室
		变风量	室温允许波动范围 $|t| \geqslant 1℃$，显热负荷变化较大
		冷却器	要求水系统简单，室内相对湿度要求不严
		喷水室	① 采用循环喷水蒸发冷却或天然冷源； ② 室内相对湿度要求较严或相对湿度要求较大而又有较大发热量者； ③ 喷水室兼作辅助净化措施
半集中式	① 房间面积大但风管不易布置； ② 多层、多室层高较低，热湿负荷不一致或参数要求不同； ③ 室内温湿度要求 $|t| \geqslant 1℃$，$|\Phi| \geqslant 10\%$； ④ 要求各室空气不要串通； ⑤ 要求调节风量	风机盘管	① 空调房间较多，空间较小，且各房间要求单独调节温度； ② 空调房间面积较大，但主风管敷设困难
		诱导器	多房间层高低，且同时使用，空气不允许互相串通，室内要求防爆
分散式	① 各房间工作班次和参数要求不同且面积较小； ② 空调房间布置分散； ③ 工艺变更可能性较大或改建房屋层高较低且无集中冷源	冷风降温机组	仅用于夏季降温去湿
		恒温恒湿机组	房间全年要求恒温恒湿
		多联机	① 无水系统和机房； ② 可以分户控制，利于单独计费； ③ 无房间空调器影响建筑立面的缺点

（4）常用空调系统比较见表 3-4。

表 3-4　常用空调系统比较

比较项目	集中式空调系统	风机盘管空调系统
设备布置与机房	① 空调与冷热源可以集中布置在机房； ② 机房面积较大，层高较高； ③ 空调机组有时可以布置在屋顶上或安放	① 只需要新风空调机房，机房面积小； ② 风机盘管可以安装在空调房间内； ③ 分散布置，敷设各种管线较麻烦

续表

比较项目	集中式空调系统	风机盘管空调系统
	在车间柱间平台上	
风管系统	① 空调送回风管系统复杂,占用空间多,布置困难; ② 支风管和风口较多时不易调节风量	① 放室内时,有时不接送、回风管; ② 当和新风系统联合使用时,新风管较小
节能与经济性	① 可以根据室外气象参数的变化和室内负荷变化实现全年多工况节能运行调节,充分利用室外新风,减少与避免冷热抵消,减少冷水机组运行时间; ② 对应热湿负荷变化不一致或室内参数不同的多房间,室内温湿度不易控制且不经济; ③ 部分房间停止工作不需要空调时,整个空调系统仍须运行,不经济	① 灵活性大,节能效果好,可根据各室负荷情况自行调节; ② 盘管冬夏兼用,内壁容易结垢,降低传热效率; ③ 无法实现全年多工况节能运行调节
使用寿命	使用寿命长	使用寿命较长
安装	设备与风管的安装工作量大,周期长	安装投产较快
维护运行	空调与制冷设备集中安设在机房,便于管理和维修	布置分散,维护管理不方便。水系统复杂,易漏水
温湿度控制	可以严格地控制室内温度和相对湿度	对室内温湿度要求较严时,难以满足
空气过滤与净化	可以采用粗效、中效和高效过滤器,满足室内空气清洁度的不同要求。采用喷水室时,水与空气直接接触,易受污染,须常换水;若水质清净,可净化空气	过滤性能差,室内清洁度要求较高时难以满足
消声与隔振	可以有效地采取消声和隔振措施	必须采用低噪声风机,才能满足室内一般噪声级要求
风管互相串通	空调房间之间有风管连通,易造成交叉污染。当发生火灾时,烟气会通过风管迅速蔓延	各空调房间之间空气不会互相污染

　　全空气一次回风空调系统和风机盘管加新风空调系统是空调工程中最常用的空调系统形式。

　　全空气一次回风空调系统将一部分室外新风和一部分室内回风混合并经空调机组处理后再送入空调室内,既能满足室内人员卫生要求,又通过尽可能多地采用回风而达到空调系统节能的目的。根据空调机组的送风量是否恒定,可以分为定风量系统和变风量系统。全空气定风量空调系统适用于空间较大、人员较多、温湿度允许波动范围小、噪声或洁净度标准高的空调区,宜采用单风管系统,且除温湿度波动范围要求严格的空调区外,同一空气处理系统中不应有同时加热和冷却过程。服务于单个空调区,且部分负荷运行时间较长时,采用区域变风量空调系统;服务于多个空调区,且各区负荷变化相差大、部分负荷运行时间较长并要求温度独立控制时,采用带末端装置的变风量空调系统。

风机盘管加新风空调系统,顾名思义可分为两部分:一部分是按房间分别设置的风机盘管机组,其作用是负担空调房间内的冷、热负荷;另一部分是新风系统,用以满足室内卫生要求。通常新风经新风机组处理至室内空气等焓点(不承担室内冷、热负荷),并采用新风直接送入空调室内的送风方式。空调区较多、建筑层高较低且各区温度要求独立控制时,宜采用风机盘管加新风空调系统;空调区的空气质量、温湿度波动范围要求严格或空气中含有较多油烟时,不宜采用风机盘管加新风空调系统。新风宜直接送入人员活动区;空气质量标准要求较高时,新风宜负担空调区的全部散湿量。

3.1.2　空调系统冷热负荷计算方法

现行《民用建筑供暖通风与空气调节设计规范》规定:"除在方案设计或初步设计阶段可使用热、冷负荷指标进行必要的估算外,施工图设计阶段应对空调区的冬季热负荷和夏季逐时冷负荷进行计算。"

(1) 空调房间(区域)的夏季计算得热量包括:

① 通过围护结构传入的热量;

② 通过透明围护结构进入的太阳辐射热量;

③ 人体散热量;

④ 照明散热量;

⑤ 设备、器具、管道及其他内部热源的散热量;

⑥ 食品或物料的散热量;

⑦ 渗透空气带入的热量;

⑧ 伴随各种散湿过程产生的潜热量。

(2) 空调房间(区域)的下列各项得热量,应按非稳态方法计算其形成的夏季冷负荷,不应将其逐时值直接作为各对应时刻的逐时冷负荷值:

① 通过围护结构传入的非稳态传热量;

② 通过透明围护结构进入的太阳辐射热量;

③ 人体散热量;

④ 非全天使用的设备、照明灯具散热量等。

(3) 空调房间(区域)的下列各项得热量,可按稳态方法计算其形成的夏季冷负荷:

① 室温允许波动范围大于或等于 1℃ 的空调房间(区域),通过非轻型外墙传入的传热量;

② 空调房间(区域)与邻室的夏季温差大于 3℃ 时,通过隔墙、楼板等内围护结构传入的传热量;

③ 人员密集空调房间(区域)的人体散热量;

④ 全天使用的设备、照明灯具散热量等。

(4) 空调房间(区域)的夏季计算散湿量,应考虑散湿源的种类、人员群集系数、同时使用系数以及通风系数等,并根据下列各项确定:

① 人体散湿量;

② 渗透空气带入的湿量;

③ 化学反应过程的散湿量;

④ 非围护结构各种潮湿表面、液面或液流的散湿量；

⑤ 食品或气体物料的散湿量；

⑥ 设备散湿量；

⑦ 围护结构散湿量。

（5）夏季空调房间（区域）冷负荷须逐项逐时计算，可采用简化计算方法手算或采用计算软件进行计算。空调房间（区域）的夏季冷负荷应按下列规定确定：

① 末端设备设有温度自动控制装置时，空调系统的夏季冷负荷按所服务各空调区逐时冷负荷的综合最大值确定；

② 末端设备无温度自动控制装置时，空调系统的夏季冷负荷按所服务各空调区冷负荷的累计值确定；

③ 应计入新风冷负荷、再热负荷以及各项有关的附加冷负荷——空气通过风机、风管温升引起的附加冷负荷和冷水通过水泵、管道、水箱温升引起的附加冷负荷；

④ 应考虑所服务各空调房间（区域）的同时使用系数。

冬季空调房间（区域）的热负荷可以采用稳态方法进行计算，计算时，室外气象参数应采用冬季空调室外计算参数，并扣除室内设备等形成的稳定散热量。空调系统的冬季热负荷，应按所服务各空调区热负荷的累计值确定，除空调风管局部布置在室外环境的情况外，可不计入各项附加热负荷。

3.1.3 空气处理过程

根据空调房间（区域）的热、湿负荷，利用焓湿图，确定空调系统的冬夏季送风温差、送风状态参数和送风量、冷量；根据空调房间（区域）的工作环境要求，确定新风量和新风冷量；根据计算结果选择组合式空调机组、风机盘管机组、新风机组等空气处理设备（见图 3-1、图 3-2）。

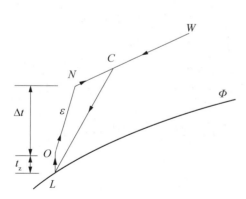

图 3-1　全空气一次回风空气处理过程

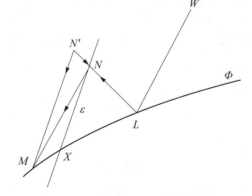

图 3-2　风机盘管加新风系统空气处理过程

3.1.4 气流组织形式

根据空调房间（区域）的功能需求和建筑条件确定气流组织形式；根据计算的送风量、回风量、新风量和排风量,确定送风口、回风口、新风口及排风口形式;布置送风口、回风口、新风口及排风口;计算各个风口大小;校核空调房间(区域)的气流分布、工作区的风速和温差是否满足设计要求。常见的送回风形式包括混合通风、置换通风和个性化送风(见图 3-3),其中混合通风常见的气流组织形式包括上送上回、上送下回、下送下回、侧送上下回(见图 3-4),常见的送风口类型主要有喷口、百叶风口、条缝风口、方形散流器、旋流风口以及孔板等(见图 3-5)。

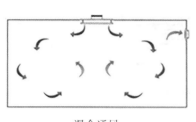
混合通风

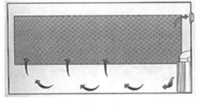
置换通风

个性化送风

图 3-3　常见的送回风形式

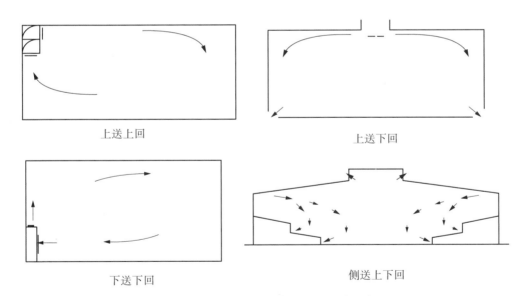

上送上回

上送下回

下送下回

侧送上下回

图 3-4　混合通风常见的气流组织形式示意图

喷口

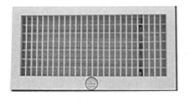
百叶风口

条缝风口

方形散流器

旋流风口

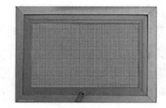

孔板

图 3-5　常见的送风口

3.1.5　空调风、水系统形式

确定空调风、水系统形式;画出草图,计算管径;选择最不利环路,计算最不利环路压力损失并选择相应的设备。

空调水系统包含冷冻水、冷却水和冷凝水三部分,根据配管形式、水泵配置、调节方式等的不同,可以设计成各种不同的系统类型。

水系统的类型及其优缺点见表 3-5。

表 3-5　水系统的类型及其优缺点

类型	特征	优点	缺点
开式	管路系统与大气相通	与水蓄冷系统的连接相对简单	系统中的溶解氧多,管网和设备易腐蚀;需要增加克服静水压力的额外能耗;输送能耗高
闭式	管路系统与大气不相通或仅在膨胀水箱处局部与大气有接触	氧腐蚀的概率小;不需要克服静水压力,水泵扬程低,输送能耗少	与水蓄冷系统的连接相对复杂
同程式(顺流式)	供水与回水管中水的流向相同,流经每个环路的管路长度相等	水量分配比较均匀;便于水力平衡	需设回程管道,管路长度增加,压力损失相应增大;初投资高
异程式(逆流式)	供水与回水管中水的流向相反,流经每个环路的管路长度不等	不需要设回程管道,不增加管路长度;初投资相对较低	当系统较大时,水力平衡较困难,应用平衡阀时,不存在此缺点
两管制	供冷与供热合用同一管网系统,随季节的变化而进行转换	管网系统简单,占用空间少;初投资低	无法同时满足供冷与供热的要求
三管制	分别设供冷与供热管路,但冷、热回水合用同一管路	能同时满足供冷与供热的要求;管道系统较四管制简单;初投资居中	冷、热回水流入同一管路,能量有混合损失;占用建筑空间较多
四管制	供冷与供热分别设置两套管网系统,可以同时供冷或供热	能同时满足供冷与供热的要求;没有混合损失	管路系统复杂,占用建筑空间多;初投资高

类型	特征	优点	缺点
分区两管制	分别设置冷、热源并同时进行供冷与供热运行,但输送管路为两管制,冷、热分别输送	能同时对不同区域(如内区和外区)进行供冷与供热;管道系统简单;初投资和运行费用省	需要同时分区配置冷源与热源
定流量	冷(热)水的流量保持恒定,通过改变供水温度来适应负荷的变化	系统简单,操作方便;不需要复杂的控制系统	配管设计时,不能考虑同时使用系数;输送能耗始终处于额定的最大值,不利于节能
变流量	冷(热)水的供水温度保持恒定,通过改变循环水量来适应负荷的变化	输送能耗随负荷的减少而降低;可以考虑同时使用系数,使管道尺寸、水泵容量和能耗都减少	系统相对复杂些;必须配置自控装置;采用单式泵时若控制不当有可能产生蒸发器结冰事故
单式泵(一次泵)	冷、热源侧与负荷侧合用一套循环水泵	系统简单,初投资低;运行安全可靠,不存在蒸发器结冰的危险	不能适应各区压力损失悬殊的情况;在绝大部分运行时间内,系统处于大流量、小温差的状态,不利于节约水泵的能耗
复式泵(二次泵)	冷、热源侧与负荷侧分成两个环路,冷源侧配置定流量循环泵即一次泵,负荷侧配置变流量循环泵即二次泵	能适应各区压力损失悬殊的情况;水泵扬程有可能降低;能根据负荷侧的需求调节流量;由于流过蒸发器的流量不变,能防止蒸发器发生结冰事故,确保冷水机组出水温度稳定;能节约一部分水泵能耗	总装机功率大于单式泵系统,自控复杂,初投资高;易引起控制失调的问题;在绝大部分运行时间内,系统处于大流量、小温差的状态,不利于节约水泵的能耗

　　水系统的典型形式:闭式(或开式)单式泵定流量两管制系统、闭式复式泵定流量两管制系统、闭式(或开式)分区单式泵定流量两管制系统、闭式(或开式)单式泵变流量两管制系统、闭式复式泵变流量两管制系统、闭式复式泵分区增压两管制系统等。

　　空调风系统包含送风系统、回风系统、新风系统和排风系统。风管的断面形状有圆形和矩形两种,工程中多使用矩形风管。

3.1.6　空调系统冷热源选择及冷热媒参数

　　空调冷源包括天然冷源和人工冷源。天然冷源利用自然界存在的冰、深井水等来制冷;人工冷源应用现代制冷技术来制冷。目前常用的空调人工冷源设备有电动压缩式冷水机组、热泵、溴化锂吸收式冷水机组。目前常用的空调热源有区域供热管网(供回水温度 60～80℃)、热泵、锅炉等。

　　一般舒适性空调水系统的冷、热水温度可按下列推荐值采用。

　　(1) 冷水供水温度:5～9℃,一般取 7℃;供、回水温差:5～10℃,一般取 5℃。

　　(2) 热水供水温度:40～65℃,一般取 60℃;供、回水温差:4.2～15℃,一般取 10℃。

3.1.7 主要设备的布置

一、制冷机组、板式换热器、水泵、分(集)水器、定压罐、冷却塔等

在多层建筑中,习惯上把冷、热源设备都布置在地下层的设备用房内;若没有地下层,则布置在一层或室外专用的机房(动力中心)内;冷却塔设置于屋顶。

在高层建筑中,为了降低设备的承压,通常可采用下列布置方式:

(1) 冷热源设备布置在塔楼外裙房的顶层(冷却塔设于裙房屋顶上);

(2) 冷热源设备布置在塔楼中间的技术设备层内;

(3) 冷热源设备布置在塔楼的顶层;

(4) 在中间技术设备层内,布置水-水换热器,使静水压力分段承受;

(5) 当高区超过设备承压能力部分的负荷不太大时,上部几层可以单独处理,如采用自带冷源的单元式空调器。

二、组合式空气处理机组

组合式空气处理机组按安装形式分为卧式(安装、使用、维护方便;适用于大风量空调机组)、立式(充分利用空间,节省占地面积;安装、使用、维护不如卧式方便;适用于较小风量空调机组)、双重卧式(安装、使用、维护不如卧式方便;空气压力损失比卧式与立式大;叠合布置充分利用空间、节省占地面积;适用于大风量空调机组)、吊挂式(适用于较小风量空调机组;节省占地面积;安装、使用、维护不方便),通常布置在每层楼专用的空调机房内或吊顶安装。

三、风机盘管

风机盘管按安装形式分为暗装和明装。一般暗装(维护麻烦,美观)在宾馆客房、办公室等每个房间吊顶内或明装(安装简便,不美观)在顶棚下。

四、新风机组

与风机盘管联合应用,一般吊顶安装在有外墙的走道或专用新风机房内。

§3.2 空调系统冷负荷计算

空调房间冷(热)、湿负荷是确定空调系统送风量和空调设备容量的基本依据,空调冷负荷计算采用谐波反应法逐时计算,将建筑 BIM 简模以 gbXML 格式导出到负荷计算模块计算。

计算步骤:

(1) 确定空调室外计算参数(查本专业规范)。

(2) 确定空调室内设计参数(查本专业规范)。

(3) 确定建筑围护结构热工参数(参看建筑条件图或设计任务书并校核是否符合《建筑节能与可再生能源利用通用规范》)。

(4) 查取建筑热工性能系数(查本专业规范或设计手册):传热系数 K、衰减系数 β、延迟时间 ξ、热惰性指标 D 等;计算空调房间(或区域)的冷负荷并汇总。

(5) 计算空调建筑冷负荷并汇总;计算空调系统冷负荷。〔注:本文中的设计手册指的是陆耀庆主编的《实用供热空调设计手册》(第二版),专业规范指的是《民用建筑供暖通风与空气调节设计规范》。]

3.2.1 空调室外计算参数

（1）主要城市的室外空气计算参数应按专业规范附录 A 采用。

（2）空调室外计算参数（以北京市为例）见表 3-6。

表 3-6 北京市空调室外计算参数

北纬	39°48′	东经	116°28′	海拔	31.3 m
冬季通风室外计算温度	−3.6℃	冬季空调室外计算温度	−9.9℃	冬季空调室外计算相对湿度	44%
夏季通风室外计算温度	29.7℃	夏季空调室外计算干球温度	33.5℃	夏季空调室外计算湿球温度	26.4℃
夏季通风室外计算相对湿度	61%	夏季室外平均风速	2.1 m/s	冬季室外平均风速	2.6 m/s
最大冻土深度	66 cm	冬季室外大气压力	1 021.7 hPa	夏季室外大气压力	1 000.2 hPa

3.2.2 空调室内设计参数

（1）舒适性空调室内设计参数应符合以下规定：

① 人员长期逗留区域空调室内设计参数应符合规定（见表 3-7）。

表 3-7 人员长期逗留区域空调室内设计参数

类别	热舒适度等级	温度（℃）	相对湿度（%）	风速（m/s）
供热工况	Ⅰ级	22～24	≥30	≤0.2
	Ⅱ级	18～22	—	≤0.2
供冷工况	Ⅰ级	24～26	40～60	≤0.25
	Ⅱ级	26～28	≤70	≤0.3

注：热舒适度等级划分见表 3-8。

表 3-8 不同热舒适度等级对应的 PMV（预测平均投票）、PPD（预测不满意百分比）值

热舒适度等级	PMV	PPD
Ⅰ级	−0.5≤PMV≤0.5	≤10%
Ⅱ级	−1≤PMV≤−0.5，0.5≤PMV≤1	≤27%

主要功能房间室内的噪声限值见表 3-9。

表 3-9　主要功能房间室内的噪声限值

房间的使用功能	噪声限值（等效声级 LAeq, T）dB	
	昼间	夜间
睡眠	40	30
日常生活	40	
阅读、自学、思考	35	
教学、医疗、办公、会议	40	

a. 当建筑位于 2 类、3 类、4 类声环境功能区时，噪声限值可放宽 5 dB。

b. 夜间噪声限值应为夜间 8 h 连续测得的等效声级 LAeq，8 h。

c. 当 1 h 等效声级 LAeq，1 h 能代表整个时段噪声水平时，测量时段可为 1 h。

d. 噪声限值应为关闭门窗状态下的限值。

e. 昼间时段应为 6:00—22:00，夜间时段应为 22:00—次日 6:00。当昼间、夜间的划分当地另有规定时，应按其规定。

② 人员短期逗留区域空调供冷工况室内设计参数宜比长期逗留区域提高 1~2℃，供热工况宜降低 1~2℃。短期逗留区域供冷工况风速不宜大于 0.5 m/s，供热工况风速不宜大于 0.3 m/s。

（2）工艺性空调室内设计温度、相对湿度及其允许波动范围，应根据工艺需要及健康要求确定。人员活动区的风速，供热工况时，不宜大于 0.3 m/s；供冷工况时，宜采用 0.2~0.5 m/s。

（3）辐射供暖室内设计温度宜降低 2℃；辐射供冷室内设计温度宜提高 0.5~1.5℃。

3.2.3　建筑围护结构热工参数

（1）查阅建筑条件图或设计任务书，初步确定建筑围护结构热工参数。

（2）校核参数是否符合 GB 55015《建筑节能与可再生能源利用通用规范》（以下简称通用规范）限值要求，并最终确定建筑围护结构热工参数。

城市热工分区见 GB 55016《建筑环境通用规范（全文强制）》附录 D。

体形系数：建筑物与室外空气直接接触的外表面积与其所包围的体积的比值，外表面积不包括地面和不供暖楼梯间内墙的面积。其限值见通用规范。

公共建筑分类：单栋建筑面积大于 300 m² 的建筑，或单栋建筑面积小于或等于 300 m² 但总建筑面积大于 1000 m² 的建筑群，应为甲类公共建筑；单栋建筑面积小于或等于 300 m² 的建筑，应为乙类公共建筑。

例如北京市某办公楼建筑面积约为 3300 m²，其建筑围护结构热工参数的确定如下：

北京市建筑热工设计分区为寒冷 B 区（2B），为甲类公共建筑，查通用规范表 3.1.3 可知体形系数限值为 0.4，其体形系数和单一立面窗墙比见表 3-10。

表 3-10 北京市某办公楼体形系数和单一立面窗墙比统计表

体形系数		单一立面窗墙比		
限值	计算值	南面	北面	东、西面
≤0.4	0.24	0.28	0.24	0.06

体形系数为 0.24,小于限值且≤0.3,单一立面窗墙比最大值为 0.28,由此查通用规范表 3.1.10-3 可得建筑围护结构传热系数限值,见表 3-11。

表 3-11 北京市某办公楼围护结构传热系数限值统计表

围护结构部位	屋面	外墙	外窗	楼板	内墙	外门
传热系数 K 限值[W/(m²·℃)]	≤0.4	≤0.5	≤2.5	无	无	无

故最终确定建筑围护结构参数如下(见设计手册"20.2.1 围护结构的夏季热工指标")。

屋面选择,具体做法:混凝土板;架空层;防水层;15 mm 水泥砂浆找平层;最薄 30 mm 轻集料混凝土找坡层;100 mm 加气混凝土;保温层;150 mm 钢筋混凝土屋面板。保温层为硬质聚氨酯板,厚度 $\delta=60$ mm,传热系数 $K=0.37$ W/(m²·℃),衰减系数 $\beta=0.15$,延迟时间 $\xi=12$ h,热惰性指标 $D=4.16$。

外墙选择,具体做法:外装饰层;通风空气层;保温层;190 mm 轻集料混凝土砌块;15 mm 内墙面抹灰。保温层为挤塑聚苯板,厚度 $\delta=65$ mm,传热系数 $K=0.4$ W/(m²·℃),衰减系数 $\beta=0.34$,延迟时间 $\xi=8$ h,热惰性指标 $D=3.11$。

窗户类型选择中空玻璃(间隔 12 mm)塑钢窗,玻璃颜色为无色,窗框比为 30%,传热系数 $K=2.34$ W/(m²·℃),窗框修正系数 $a=0.9$,构造修正系数 $X_g=0.54$,无遮阳设施。

内墙主体材料选择混凝土空心砌块,基本构造为砂浆+主体材料+砂浆。厚度 $\delta=190$ mm,传热系数 $K=1.89$ W/(m²·℃),衰减系数 $\beta=0.46$,延迟时间 $\xi=7$ h,波幅衰减倍数 $V_f=1.7$,热惰性指标 $D=2.53$。

层间楼板主体材料选择钢筋混凝土实型板,基本构造为细石混凝土+钢筋混凝土+面层。厚度 $\delta=100$ mm,传热系数 $K=1.88$ W/(m²·℃),衰减系数 $\beta=0.42$,延迟时间 $\xi=5$ h,波幅衰减倍数 $V_f=2.2$,热惰性指标 $D=1.65$。

外门采用双层金属门板,中间填充 15~18 mm 矿棉板,传热系数 $K=3.05$ W/(m²·℃)。

3.2.4 空调房间(或区域)冷负荷计算

一、外围护结构冷负荷

1. 外墙、架空楼板或屋面的传热冷负荷

$$Q_\tau = KF(t_{\tau-\xi} + \Delta - t_n) \quad (3-1)$$

式中:Q_τ——计算时刻冷负荷,W;

K——传热系数,见设计手册表 20.4-2,W/(m²·℃);

F——外墙和屋面的计算面积,m²;

τ——计算时刻,h;

$\tau - \xi$——温度波的作用时刻,即温度波作用于外墙或屋面外侧的时刻,h;

$t_{\tau-\xi}$——作用时刻下冷负荷计算温度,简称冷负荷温度,外墙、架空楼板,可查设计手册表 20.3 - 1,对于屋面,可查设计手册表 20.3 - 2,℃;

Δ——冷负荷温度的地点修正值,见设计手册表 20.3 - 1 和表 20.3 - 2 的表注,℃;

t_n——室内计算温度,℃。

当外墙或屋顶的衰减系数 $\beta < 0.2$ 时,可采用日平均冷负荷 Q_{pj} 代替各计算时刻冷负荷 Q_τ:

$$Q_{pj} = KF(t_{pj} + \Delta - t_n) \tag{3-2}$$

式中:t_{pj}——负荷温差的日平均值,见设计手册表 20.3 - 1 和表 20.3 - 2 的最后一列,℃。

2. 外窗的温差传热冷负荷

在室内外温差作用下,通过外玻璃窗传热形成的冷负荷

$$Q_\tau = aKF(t_\tau + \delta - t_n) \tag{3-3}$$

式中:t_τ——计算时刻下的冷负荷温差,见设计手册表 20.4 - 1,℃;

δ——地点修正系数,见设计手册表 20.4 - 1 的最后一列数据,℃;

a——窗框修正系数,见设计手册表 20.4 - 2。

3. 外窗的太阳辐射冷负荷

(1)当外窗无任何遮阳设施时,计算公式如下:

$$Q_\tau = FX_g X_d J_{wr} \tag{3-4}$$

式中:X_g——窗的构造修正系数,见设计手册表 20.5 - 1;

X_d——地点修正系数,见设计手册表 20.5 - 2;

J_{wr}——计算时刻下,透过无遮阳设施外窗的太阳辐射的冷负荷强度,见设计手册表 20.5 - 3,W/m²。

(2)当外窗只有内遮阳设施时,计算公式如下:

$$Q_\tau = FX_g X_d X_z J_{nr} \tag{3-5}$$

式中:X_z——内遮阳系数,见设计手册表 20.5 - 4;

J_{nr}——计算时刻下,透过有内遮阳设施外窗的太阳辐射的冷负荷强度,见设计手册表 20.5 - 3,W/m²。

(3)当外窗只有外遮阳板时,计算公式如下:

$$Q_\tau = [F_1 J_{wr} + (F - F_1)J_{wr}^0]X_g X_d \tag{3-6}$$

式中:F_1——窗口受到太阳照射时的直射面积,算法见设计手册 20.2.4 节,m²;

J_{wr}^0——计算时刻下,透过无遮阳设施外窗的太阳辐射的冷负荷强度,见设计手册表 20.5 - 3,W/m²。

(4)当外窗既有内遮阳设施又有外遮阳板时,计算公式如下:

$$Q_\tau = [F_1 J_{nr} + (F - F_1)J_{nr}^0]X_g X_d X_z \tag{3-7}$$

式中：J_{nr}^{0} ——计算时刻下,透过有内遮阳设施外窗的太阳辐射的冷负荷强度,见设计手册表 20.5 - 3,W/m^2。

二、内围护结构冷负荷

1. 相邻空间通风良好时内围护结构温差传热的冷负荷

(1) 内窗温差传热冷负荷

当相邻空间通风良好时,内窗温差传热形成的冷负荷可按式(3 - 3)计算。

(2) 其他内围护结构温差传热冷负荷

当相邻空间通风良好时,内墙或间层楼板由温差传热形成的冷负荷可按下式估算：

$$Q = KF(t_{wp} - t_n) \tag{3 - 8}$$

式中：t_{wp} ——夏季空调室外计算日平均温度,见设计手册表 20.4 - 1 第 4 列,℃。

2. 相邻空间有发热量时内围护结构温差传热的冷负荷

当邻室存在一定的发热量时,通过空调房间内窗、内墙、间层楼板或内门等内围护结构温差传热形成的冷负荷可按下式计算：

$$Q = KF(t_{wp} + \Delta t_{ls} - t_n) \tag{3 - 9}$$

式中：Δt_{ls} ——夏邻室温升,可根据邻室散热强度,按设计手册表 20.6 - 1 采用,℃。

三、室内冷负荷

1. 人体显热冷负荷

$$Q_{\tau} = \varphi n q_1 X_{\tau - T} \tag{3 - 10}$$

式中：φ ——群集系数,见表 3 - 12;

表 3 - 12 某些空调建筑物内的群集系数

工作场所	影剧院	百货商店(售货)	旅店餐馆	体育馆	图书阅览室	工厂轻劳动	银行	工厂重劳动
群集系数 φ	0.89	0.89	0.93	0.92	0.96	0.90	1.0	1.0

n ——计算时刻空调区内的总人数,当缺少数据时,可根据空调区的使用面积按设计手册表 20.7 - 1 给出的人均面积指标推算;

q_1 ——一名成年男子小时显热散热量,见设计手册表 20.7 - 3,W;

T ——人员进入空调房间的时刻,h;

$\tau - T$ ——从人员进入房间时算起到计算时刻的持续时间,h;

$X_{\tau - T}$ —— $\tau - T$ 时间人体显热散热量的冷负荷系数,见设计手册表 20.7 - 4。

2. 灯具冷负荷

(1) 白炽灯散热形成的冷负荷

$$Q_{\tau} = n_1 N X_{\tau - T} \tag{3 - 11}$$

式中：N ——灯具安装功率,当缺少数据时,可根据空调区的使用面积按设计手册表 20.8 - 1 给出的照明功率密度指标推算,W;

n_1 ——同时使用系数,当缺少实测数据时,可取 0.6～0.8;

T ——开灯时刻,h;

$\tau - T$ ——从开灯时刻算起到计算时刻的持续时间,h;

$X_{\tau-T}$ ——$\tau - T$ 时间照明散热的冷负荷系数,见设计手册表 20.8 - 2。

(2) 荧光灯散热形成的冷负荷

① 镇流器设在空调区之外的荧光灯

此情况下的灯具散热形成的冷负荷,计算公式同(3 - 11)。

② 镇流器设在空调区之内的荧光灯

此情况下的灯具散热形成的冷负荷,可按下式计算:

$$Q_{\tau} = 1.2 n_1 N X_{\tau-T} \tag{3-12}$$

③ 暗装在空调房间吊顶玻璃罩之内的荧光灯

此情况下的灯具散热形成的冷负荷,可按下式计算:

$$Q_{\tau} = n_1 n_0 N X_{\tau-T} \tag{3-13}$$

式中:n_0 ——考虑玻璃反射及罩内通风情况的系数。当荧光灯罩有小孔,利用自然通风散热于顶棚之内时,取 0.5~0.6;当荧光灯罩无小孔时,可视顶棚之内的通风情况取 0.6~0.8。

3. 设备显热冷负荷

$$Q_{\tau} = q_s X_{\tau-T} \tag{3-14}$$

式中:T ——设备投入使用的时刻,h;

$\tau - T$ ——从设备投入使用的时刻算起到计算时刻的时间,h;

$X_{\tau-T}$ ——$\tau - T$ 时间设备、器具散热的冷负荷系数;

q_s ——设备散热量,W。

$$q_s = F q_f \tag{3-15}$$

式中:F ——空调区面积,m^2;

q_f ——电器设备功率密度,见设计手册表 20.9 - 4,W/m^2。

4. 渗入空气显热形成的冷负荷

$$Q = 0.28 G (t_w - t_n) \tag{3-16}$$

式中:G ——单位时间渗入室内的空气总量,$G = G_1 + G_2$,其中 G_1 和 G_2 的计算见设计手册式(20.10 - 1)和式(20.10 - 2),kg/h;

t_w ——夏季空调室外干球温度,℃。

5. 食物的显热散热冷负荷

在进行餐厅(咖啡厅)冷负荷计算时,需要考虑食物的散热量。食物的显热散热形成的冷负荷,可按每位就餐客人 9 W 考虑。

6. 人体潜热冷负荷

$$Q_{\tau} = \varphi n_{\tau} q_2 \tag{3-17}$$

式中:φ ——群集系数;

n_{τ} ——计算时刻空调区内的总人数,人;

q_2——一名成年男子小时潜热散热量，W。

7. 渗透空气形成的潜热冷负荷

$$Q = 0.28G(h_w - h_n)$$ (3-18)

式中：h_w——室外空气的焓，kJ/kg；

h_n——室内空气的焓，kJ/kg。

8. 食物的潜热冷负荷

$$Q_\tau = 700D_\tau$$ (3-19)

式中：D_τ——食物的散湿量。

四、湿负荷计算

1. 人体散湿量

$$D_\tau = 0.001\varphi n_\tau g$$ (3-20)

式中：D_τ——人体散湿量，kg/h；

φ——群集系数；

n_τ——计算时刻空调区内的总人数，人；

g——一名成年男子小时散湿量，g/h。

2. 食物散湿量

$$D_\tau = 0.012\varphi n_\tau$$ (3-21)

式中：φ——群集系数；

n_τ——计算时刻空调区内的总人数，人。

3. 水面蒸发散湿量

$$D_\tau = F_\tau g$$ (3-22)

式中：F_τ——计算时刻的蒸发表面积，m²；

g——水面的单位蒸发量，kg/(m²·h)。

3.2.5　空调建筑的冷负荷

所谓"空调建筑"，特指一个集中空调系统所服务的建筑区域，它可能是一整幢建筑物，也可能是该建筑物的一部分。

空调建筑的冷负荷，应按下列不同情况分别确定：

（1）当空调系统末端装置不能随负荷变化而自动控制时，该空调建筑的计算冷负荷应采用同时使用的所有空调区计算冷负荷的累加值，即找出各空调区逐时冷负荷的最大值并将它们加在一起，而不考虑它们是否同时发生。

（2）当空调系统末端装置能随负荷变化而自动控制时，应将此空调建筑同时使用的各个空调区的总冷负荷按各计算时刻累加，得出该空调建筑总冷负荷逐时值的时间序列，找出其中的最大值，即为该空调建筑的冷负荷。

3.2.6　空调系统的冷负荷

集中空调系统的冷负荷，应根据所服务的空调建筑中各分区的同时使用情况、空调系统类型及控制方式等的不同,综合考虑下列各分项负荷,通过焓湿图分析和计算确定。

(1) 系统所服务的空调建筑的冷负荷;

(2) 该空调建筑的新风冷负荷;

(3) 风系统由于风机、风管产生温升以及系统漏风等引起的附加冷负荷;

(4) 水系统由于水泵、水管、水箱产生温升以及系统补水引起的附加冷负荷;

(5) 当空气处理过程产生冷、热抵消现象时,应考虑由此引起的附加冷负荷。

新风冷负荷计算如下。

(1) 空调新风显热冷负荷计算:

$$Q_x = 0.279G(t_w - t_n) \tag{3-23}$$

式中:Q_x——夏季新风显热冷负荷,W;

G——新风量,kg/h;

t_w——室外计算温度,℃;

t_n——室内计算温度,℃。

(2) 空调新风潜热冷负荷计算:

$$Q_q = 0.279G(h_w - h_n) - Q_x \tag{3-24}$$

式中:Q_q——夏季新风潜热冷负荷,W;

Q_x——夏季新风显热冷负荷,W;

G——新风量,kg/h;

h_w——夏季空调室外计算温度对应的焓值,kJ/kg;

h_n——夏季室内空气计算温度对应的焓值,kJ/kg。

3.2.7　冷负荷计算过程

一、确定建筑物中所有房间的使用性质

负荷计算软件中房间类型如图 3-6 所示。

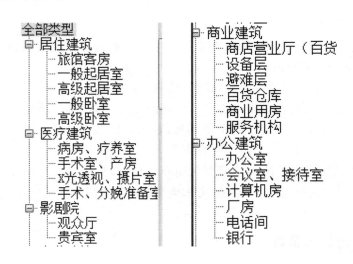

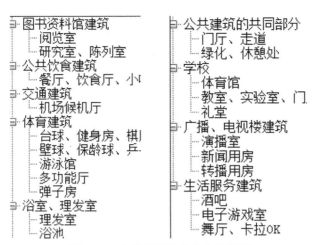

图 3-6　负荷计算软件中房间类型

二、参数设置

（1）气象参数设置见表 3-13。

表 3-13　围护结构参数修正表

序号	城市（参照城市）	墙、屋顶城市（中心城市）	墙、屋顶地点修正 Δ	窗城市	窗地点修正 δ
1	济南	西安	1	广州	0.6
2	太原	北京	−3	太原	0
3	石家庄	北京	1	石家庄	0
4	天津	北京	0	天津	0
5	沈阳	北京	−3	重庆	−4.9
6	杭州	上海	0	重庆	−0.6
7	郑州	西安	−1	郑州	0
8	成都	上海	−3	南宁	−2.5
9	南京	上海	0	广州	0.6
10	昆明	广州	−8	南宁	−8.1
11	贵阳	广州	−4	贵阳	0
12	重庆	上海	1	重庆	0
13	武汉	上海	1	武汉	0
14	北京	北京	0	北京	0
15	西安	西安	0	西安	0
16	上海	上海	0	上海	0

序号	城市(参照城市)	墙、屋顶城市(中心城市)	墙、屋顶地点修正 Δ	窗城市	窗地点修正 δ
17	广州	广州	0	广州	0
18	合肥	上海	0	南昌	0.5
19	长沙	上海	1	西安	1.4
20	兰州	西安	−5	福州	−4.7
21	银川	北京	−3	石家庄	−3.9
22	乌鲁木齐	北京	−1	石家庄	−1.8
23	呼和浩特	北京	−3	郑州	−4.3
24	哈尔滨	北京	−3	北京	−3
25	长春	北京	−3	长春	0

（2）围护结构参数设置见表 3 - 14～表 3 - 19。

表 3 - 14　围护结构参数表

序号	基本构造	保温层	δ	K	β	ξ	D
1	轻集料混凝土砌块框架填充墙	玻璃棉(矿棉、岩棉板)	40	0.70	0.41	7	2.96
2	具体做法：	玻璃棉(矿棉、岩棉板)	60	0.56	0.37	8	3.24
3	① 外装饰层	玻璃棉(矿棉、岩棉板)	80	0.46	0.34	8	3.53
4	② 通风空气层	玻璃棉(矿棉、岩棉板)	90	0.42	0.33	9	3.67
5	③ 保温层 δ	挤塑聚苯板	30	0.66	0.40	7	2.73
6	④ 190 mm 轻集料混凝土砌块	挤塑聚苯板	45	0.52	0.37	7	2.89
7	⑤ 15 mm 内墙面抹灰	挤塑聚苯板	55	0.45	0.35	8	3.00
8		挤塑聚苯板	65	0.40	0.34	8	3.11
9		硬质聚氨酯板	20	0.74	0.42	7	2.62
10		硬质聚氨酯板	35	0.54	0.37	7	2.79
11		硬质聚氨酯板	45	0.46	0.36	8	2.90
12		硬质聚氨酯板	50	0.42	0.35	8	2.95
13	加气混凝土砌块框架填充墙	04 级加气混凝土	200	0.83	0.59	7	3.19
14	具体做法：	04 级加气混凝土	240	0.71	0.47	8	3.74

续表

序号	基本构造	保温层	δ	K	β	ξ	D
15	① 外装饰层	04 级加气混凝土	300	0.59	0.31	11	4.57
16	② 通风空气层	04 级加气混凝土	350	0.51	0.22	13	5.26
17	③ 保温层 δ	05 级加气混凝土	250	0.80	0.40	9	3.97
18	④ 15 mm 内墙面抹灰	05 级加气混凝土	300	0.68	0.28	11	4.68
19		05 级加气混凝土	400	0.53	0.13	15	6.10
20		05 级加气混凝土	450	0.48	0.09	17	6.80
21	混凝土剪力墙	玻璃棉（矿棉、岩棉板）	55	0.77	0.24	7	2.52
22	具体做法：	玻璃棉（矿棉、岩棉板）	80	0.57	0.23	8	2.87
23	① 外装饰层	玻璃棉（矿棉、岩棉板）	95	0.49	0.22	8	3.08
24	② 通风空气层	玻璃棉（矿棉、岩棉板）	110	0.43	0.21	8	3.30
25	③ 保温层 δ	挤塑聚苯板	40	0.72	0.24	7	2.18
26	④ 160 mm 现浇混凝土剪力墙	挤塑聚苯板	55	0.55	0.23	7	2.35
27	⑤ 内墙面刮腻子	挤塑聚苯板	65	0.48	0.23	7	2.45
28		挤塑聚苯板	75	0.42	0.22	7	2.56
29		硬质聚氨酯板	35	0.69	0.24	7	2.14
30		硬质聚氨酯板	45	0.56	0.23	7	2.24
32		硬质聚氨酯板	55	0.47	0.23	7	2.35
33		硬质聚氨酯板	60	0.44	0.22	7	2.41
34	不透明幕墙	玻璃棉（矿棉、岩棉板）	60	0.76	0.99	1	1.03
35	具体做法：	玻璃棉（矿棉、岩棉板）	85	0.56	0.97	2	1.38
36	① 外装饰层	玻璃棉（矿棉、岩棉板）	100	0.49	0.96	2	1.59
37	② 通风空气层	玻璃棉（矿棉、岩棉板）	115	0.43	0.94	2	1.80
38	③ 保温层 δ	挤塑聚苯板	40	0.76	0.99	1	0.62
39	④ 轻钢龙骨	挤塑聚苯板	55	0.58	0.99	1	0.78
40	⑤ 石膏板	挤塑聚苯板	70	0.47	0.99	1	0.94
41		挤塑聚苯板	75	0.44	0.99	1	1.00
42		硬质聚氨酯板	35	0.73	0.99	1	0.57
43		硬质聚氨酯板	50	0.53	0.99	1	0.74

序号	基本构造	保温层	δ	K	β	ξ	D
44		硬质聚氨酯板	55	0.49	0.99	1	0.79
45		硬质聚氨酯板	65	0.42	0.99	1	0.90
46	聚合物砂浆加强面层外墙(混凝土剪力墙)	膨胀聚苯板(混凝土剪力墙)	50	0.78	0.21	7	2.42
47	具体做法:	膨胀聚苯板(混凝土剪力墙)	70	0.60	0.20	8	2.59
48	① 外涂料装饰层	膨胀聚苯板(混凝土剪力墙)	90	0.48	0.2	8	2.76
49	② 聚合物砂浆加强面层	膨胀聚苯板(混凝土剪力墙)	100	0.44	0.19	8	2.84
50	③ 保温层 δ	膨胀聚苯板(KPI 空心砖)	35	0.77	0.15	11	3.79
51	④ 主体结构:混凝土剪力墙	膨胀聚苯板(KPI 空心砖)	55	0.59	0.14	11	3.95
52	KPI 空心砖	膨胀聚苯板(KPI 空心砖)	75	0.48	0.13	11	4.12
53	空心砌块	膨胀聚苯板(KPI 空心砖)	85	0.44	0.12	11	4.21
54	⑤ 内墙面刮腻子	膨胀聚苯板(空心砌块)	50	0.75	0.37	6	2.18
55		膨胀聚苯板(空心砌块)	70	0.58	0.36	7	2.35
56		膨胀聚苯板(空心砌块)	90	0.47	0.35	7	2.52
57		膨胀聚苯板(空心砌块)	100	0.43	0.34	7	2.61
58	现浇混凝土模板内置保温板外墙	钢网聚苯板	65	0.75	0.21	8	2.68
59	具体做法:	钢网聚苯板	95	0.55	0.20	8	2.93
60	① 外装饰层(面砖;涂料)	钢网聚苯板	110	0.49	0.19	8	3.06
61	② 特种砂浆加强层	钢网聚苯板	125	0.44	0.19	9	3.31
62	③ 保温层 δ	无网聚苯板	55	0.75	0.21	7	2.46
63	④ 180 mm 现浇混凝土	无网聚苯板	75	0.58	0.20	8	2.63
64	⑤ 内墙面刮腻子	无网聚苯板	95	0.48	0.20	8	2.80
65		无网聚苯板	105	0.44	0.19	8	2.88

序号	基本构造	保温层	δ	K	β	ξ	D
66	面砖饰面聚氨酯复合板	聚氨酯(混凝土剪力墙)	30	0.72	0.21	8	2.46
67	具体做法:	聚氨酯(混凝土剪力墙)	40	0.57	0.20	8	2.57
68	① 装饰面砖＋聚氨酯复合板 δ	聚氨酯(混凝土剪力墙)	50	0.47	0.20	8	2.68
69	② 主体结构	聚氨酯(混凝土剪力墙)	55	0.43	0.19	8	2.73
70	③ 内墙面刮腻子	聚氨酯(KPI空心砖)	20	0.75	0.15	11	3.84
71		聚氨酯(KPI空心砖)	35	0.53	0.13	11	4.01
72		聚氨酯(KPI空心砖)	40	0.48	0.13	11	4.06
73		聚氨酯(KPI空心砖)	50	0.41	0.12	11	4.17
74		聚氨酯(混凝土砌块)	30	0.69	0.37	7	2.22
75		聚氨酯(混凝土砌块)	40	0.55	0.35	7	2.33
76		聚氨酯(混凝土砌块)	50	0.46	0.35	7	2.44
77		聚氨酯(混凝土砌块)	55	0.42	0.34	7	2.50
78	聚氨酯硬泡喷涂外墙外保温	喷涂硬泡聚氨酯(混凝土剪力墙)	25	0.68	0.21	8	2.59
79	具体做法:	喷涂硬泡聚氨酯(混凝土剪力墙)	35	0.55	0.20	8	2.70
80	① 外涂料装饰层	喷涂硬泡聚氨酯(混凝土剪力墙)	45	0.46	0.20	8	2.81
81	② 聚合物砂浆加强面层	喷涂硬泡聚氨酯(混凝土剪力墙)	50	0.42	0.19	8	2.87
82	③ 聚苯颗粒保温浆料找平层	喷涂硬泡聚氨酯(KPI空心砖)	15	0.71	0.15	11	3.98
83	④ 保温层 δ	喷涂硬泡聚氨酯(KPI空心砖)	25	0.56	0.13	11	4.09
84	⑤ 主体结构:混凝土剪力墙	喷涂硬泡聚氨酯(KPI空心砖)	35	0.47	0.13	11	4.20
85	KPI空心砖	喷涂硬泡聚氨酯(KPI空心砖)	40	0.43	0.12	11	4.25
86	混凝土空心砌块	喷涂硬泡聚氨酯(混凝土空心砌块)	20	0.75	0.37	6	2.30
87	⑥ 内墙面刮腻子	喷涂硬泡聚氨酯(混凝土空心砌块)	35	0.53	0.35	7	2.47

续表

序号	基本构造	保温层	δ	K	β	ξ	D
88		喷涂硬泡聚氨酯（混凝土空心砌块）	40	0.42	0.35	7	2.52
89		喷涂硬泡聚氨酯（混凝土空心砌块）	50	0.41	0.34	7	2.63

表 3-15 层面参数表

序号	基本构造	保温层	δ	K	β	ξ	D
1	架空层屋面	聚苯板	50	0.60	0.17	12	3.93
2	具体做法：	聚苯板	60	0.53	0.16	12	4.01
3	① 混凝土板	聚苯板	70	0.48	0.16	12	4.10
4	② 架空层	聚苯板	80	0.44	0.15	12	4.18
5	③ 防水层	聚苯板	90	0.40	0.15	12	4.27
6	④ 15 mm 水泥砂浆找平层	挤塑聚苯板	35	0.60	0.17	12	3.88
7	⑤ 最薄 30 mm 轻集料混凝土找坡层	挤塑聚苯板	40	0.56	0.16	12	3.94
8	⑥ 100 mm 加气混凝土	挤塑聚苯板	50	0.48	0.16	12	4.05
9	⑦ 保温层 δ	挤塑聚苯板	60	0.43	0.15	12	4.15
10	⑧ 150 mm 钢筋混凝土屋面板	挤塑聚苯板	70	0.38	0.15	12	4.26
11		硬质聚氨酯板	30	0.59	0.17	12	3.83
12		硬质聚氨酯板	40	0.50	0.16	12	3.94
13		硬质聚氨酯板	50	0.43	0.15	12	4.05
14		硬质聚氨酯板	60	0.37	0.15	12	4.16
15	卵石层屋面	聚苯板	70	0.57	0.22	8	2.98
16	具体做法：	聚苯板	80	0.51	0.22	9	3.07
17	① 卵石层	聚苯板	100	0.43	0.21	9	3.24
18	② 保护薄膜	聚苯板	110	0.39	0.21	9	3.32
19	③ 保温层 δ	挤塑聚苯板	50	0.57	0.22	8	2.93
20	④ 防水层	挤塑聚苯板	60	0.49	0.22	9	3.04
21	⑤ 15 mm 水泥砂浆找平层	挤塑聚苯板	70	0.43	0.21	9	3.15
22	⑥ 最薄 30 mm 轻集料混凝土找坡层	挤塑聚苯板	80	0.39	0.21	9	3.26
23	⑦ 150 mm 钢筋混凝土屋面板	硬质聚氨酯板	40	0.59	0.22	8	2.83

续表

序号	基本构造	保温层	δ	K	β	ξ	D
24		硬质聚氨酯板	50	0.49	0.22	8	2.94
25		硬质聚氨酯板	60	0.42	0.21	9	3.05
26		硬质聚氨酯板	70	0.37	0.21	9	3.16

表 3-16　窗参数表

序号	玻璃类型	玻璃颜色	玻璃传热系数 K	窗框材质	窗框比 %	整窗传热系数 K	窗框修正系数 α	构造修正系数 X_g
1	3 mm 普通单玻	无色	5.8	塑钢	30	4.18	0.72	0.70
2	3 mm 普通单玻	无色	5.8	铝合金	20	6.20	1.07	0.80
3	3 mm 普通双玻	无色	3.3	塑钢	30	2.77	0.84	0.60
4	3 mm 普通双玻	无色	3.3	铝合金	20	4.00	1.20	0.69
5	6 mm 普通单玻	无色	5.7	塑钢	30	4.10	0.72	0.67
6	6 mm 普通单玻	无色	5.7	铝合金	20	6.10	1.07	0.77
7	6 mm 普通双玻	无色	3.3	塑钢	30	2.77	0.84	0.52
8	6 mm 普通双玻	无色	3.3	铝合金	20	4.00	1.20	0.59
9	中空玻璃(间隔 6 mm)	无色	3.0	塑钢	30	2.58	0.86	0.57
10	中空玻璃(间隔 6 mm)	无色	3.0	铝合金	20	3.69	1.23	0.65
11	中空玻璃(间隔 12 mm)	无色	2.6	塑钢	30	2.34	0.90	0.54
12	中空玻璃(间隔 12 mm)	无色	2.6	铝合金	20	3.38	1.30	0.62
13	辐射率≤0.25Low-E 中空玻璃(在线空气间隔 6 mm)	无色	2.8	塑钢	30	2.44	0.87	0.44
14	辐射率≤0.25Low-E 中空玻璃(在线空气间隔 6 mm)	无色	2.8	铝合金	20	3.47	1.24	0.50
15	辐射率≤0.25Low-E 中空玻璃(在线空气间隔 9 mm)	无色	2.2	塑钢	30	2.09	0.95	0.44
16	辐射率≤0.25Low-E 中空玻璃(在线空气间隔 9 mm)	无色	2.2	铝合金	20	2.99	1.36	0.50
17	辐射率≤0.25Low-E 中空玻璃(在线空气间隔 12 mm)	无色	1.9	塑钢	30	1.96	1.03	0.44
18	辐射率≤0.25Low-E 中空玻璃(在线空气间隔 12 mm)	无色	1.9	铝合金	20	2.76	1.45	0.50

续表

序号	玻璃类型	玻璃颜色	玻璃传热系数 K	窗框材质	窗框比%	整窗传热系数 K	窗框修正系数 α	构造修正系数 X_g
19	辐射率≤0.25Low-E 中空玻璃(在线氩气间隔 6 mm)	无色	2.4	塑钢	30	2.21	0.92	0.44
20	辐射率≤0.25Low-E 中空玻璃(在线氩气间隔 6 mm)	无色	2.4	铝合金	20	3.17	1.32	0.50
21	辐射率≤0.25Low-E 中空玻璃(在线氩气间隔 9 mm)	无色	1.8	塑钢	30	1.82	1.01	0.44
22	辐射率≤0.25Low-E 中空玻璃(在线氩气间隔 9 mm)	无色	1.8	铝合金	20	2.68	1.49	0.50
23	辐射率≤0.25Low-E 中空玻璃(在线氩气间隔 12 mm)	无色	1.7	塑钢	30	1.73	1.02	0.44
24	辐射率≤0.25Low-E 中空玻璃(在线氩气间隔 12 mm)	无色	1.7	铝合金	20	2.60	1.53	0.50
25	辐射率≤0.15Low-E 中空玻璃(离线空气间隔 12 mm)	无色	1.8	塑钢	30	1.82	1.01	0.31
26	辐射率≤0.15Low-E 中空玻璃(离线空气间隔 12 mm)	无色	1.8	铝合金	20	2.68	1.49	0.35
27	辐射率≤0.15Low-E 中空玻璃(离线氩气间隔 12 mm)	无色	1.5	塑钢	30	1.58	1.05	0.31
28	辐射率≤0.15Low-E 中空玻璃(离线氩气间隔 12 mm)	无色	1.5	铝合金	20	2.45	1.63	0.35
29	双银 Low-E 中空玻璃(空气间隔 12 mm)	无色	1.7	塑钢	30	1.73	1.02	0.31
30	双银 Low-E 中空玻璃(空气间隔 12 mm)	无色	1.7	铝合金	20	2.60	1.53	0.35
31	双银 Low-E 中空玻璃(氩气间隔 12 mm)	无色	1.4	塑钢	30	1.50	1.07	0.31
32	双银 Low-E 中空玻璃(氩气间隔 12 mm)	无色	1.4	铝合金	20	2.37	1.69	0.35

表 3-17 遮阳参数表

序号	遮阳设施	颜色	遮阳系数
1	无遮阳	无遮阳	1.00
2	布窗帘	白色	0.50
3	布窗帘	浅色	0.60

续表

序号	遮阳设施	颜色	遮阳系数
4	布窗帘	深色	0.65
5	半透明卷轴遮阳帘	浅色	0.30
6	不透明卷轴遮阳帘	白色	0.25
7	不透明卷轴遮阳帘	深色	0.50
8	塑料活动百叶(叶片45°)	白色	0.60
9	塑料活动百叶(叶片45°)	浅色	0.68
10	塑料活动百叶(叶片45°)	灰色	0.75
11	铝活动百叶	灰白	0.60
12	毛玻璃	次白	0.40

表 3-18 门参数表

序号	名称	传热系数 K
1	木(塑料)框单层实体门	4.21
2	木(塑料)框夹板门和蜂窝夹板门	2.50
3	木(塑料)框双层玻璃门	2.50
4	木(塑料)框单层玻璃门(玻璃比例<30%)	4.52
5	木(塑料)框单层玻璃门(玻璃比例30%~60%)	5.01
6	双层金属门板,中间填充15~18 mm玻璃棉板	2.98
7	双层金属门板,中间填充15~18 mm矿棉板	3.05
8	木或塑料夹层门(空气间层厚度不小于40 mm内衬钢板)	3.00
9	节能外门	3.02

表 3-19 内墙及楼板参数表

序号	基本构造	主体材料	δ	K	β	ξ	V_f	D
1	内墙:砂浆+主体材料+砂浆	混凝土多孔砖	240	1.66	0.27	9	2.0	3.43
2		PKI多孔砖	240	1.45	0.25	10	1.9	3.75
3		混凝土空心砌块	190	1.89	0.46	7	1.7	2.53
4		加气混凝土砌块	240	0.80	0.42	8	1.4	3.55
5	楼板:细石混凝土+钢筋混凝土+面层	钢筋混凝土实型板	100	1.88	0.42	5	2.2	1.65

3.2.8 冷负荷计算算例

某典型房间冷负荷计算见表 3-20。

表 3-20 某典型房间冷负荷计算表

西外墙冷负荷(W)									
时刻 τ	8:00	9:00	10:00	11:00	12:00	13:00	14:00	15:00	16:00	17:00
$\tau-\xi$	0	1	2	3	4	5	6	7	8	9
$t_{\tau-\xi}$	35	35	34	34	34	34	34	34	35	36
Δ					1					
t_{n}					25					
K					0.46					
F					23.76					
Q_{τ}	120.23	120.23	109.30	109.30	109.30	109.30	109.30	109.30	120.23	131.16

南外墙冷负荷(W)									
时刻 τ	8:00	9:00	10:00	11:00	12:00	13:00	14:00	15:00	16:00	17:00
$\tau-\xi$	0	1	2	3	4	5	6	7	8	9
$t_{\tau-\xi}$	33	33	32	32	32	32	33	34	34	35
Δ					1					
t_{n}					25					
K					0.46					
F					17.28					
Q_{τ}	71.54	71.54	63.59	63.59	63.59	63.59	71.54	79.49	79.49	87.44

南外窗温差传热冷负荷(W)									
时刻 τ	8:00	9:00	10:00	11:00	12:00	13:00	14:00	15:00	16:00	17:00
t_{τ}	29	30	31	31	32	33	33	33	33	33
δ					0.6					
t_{n}					25					
α					0.9					
K					2.6					
F					4.32					
Q_{τ}	46.50	56.61	66.72	66.72	76.83	86.94	86.94	86.94	86.94	86.94

续表

南外窗辐射得热冷负荷(W)									
时刻 τ	8:00	9:00	10:00	11:00	12:00	13:00	14:00	15:00	16:00	17:00
$J_{n\tau}$	67	92	129	162	184	185	171	143	120	100
X_g					0.54					
X_d					1.12					
X_z					0.5					
F					4.32					
Q_τ	87.53	120.19	168.52	211.63	240.37	241.68	223.39	186.81	156.76	130.64

人体显热冷负荷(W)									
时刻 τ	8:00	9:00	10:00	11:00	12:00	13:00	14:00	15:00	16:00	17:00
$\tau-T$	0	1	2	3	4	5	6	7	8	9
$X_{\tau-T}$	0.5	0.69	0.75	0.79	0.83	0.86	0.88	0.9	0.91	0.92
φ					0.93					
n					4					
q_1					66					
$Q_{\tau1}$	122.76	169.41	184.14	193.96	203.78	211.15	216.06	220.97	223.42	225.88

人体潜热冷负荷(W)									
时刻 τ	8:00	9:00	10:00	11:00	12:00	13:00	14:00	15:00	16:00	17:00
φ					0.93					
n					4					
q_2					68					
$Q_{\tau2}$					252.96					

灯具冷负荷(W)									
时刻 τ	8:00	9:00	10:00	11:00	12:00	13:00	14:00	15:00	16:00	17:00
$\tau-T$	0	1	2	3	4	5	6	7	8	9
$X_{\tau-T}$	0.39	0.6	0.68	0.73	0.78	0.81	0.84	0.87	0.89	0.9
n_1					0.7					
N					295.04					
Q_τ	80.55	123.92	140.44	150.77	161.09	167.29	173.48	179.68	183.81	185.88

设备冷负荷(W)									
时刻 τ	8:00	9:00	10:00	11:00	12:00	13:00	14:00	15:00	16:00	17:00

设备冷负荷(W)									
$\tau-T$	0	1	2	3	4	5	6	7	8	9
$X_{\tau-T}$	0.77	0.88	0.9	0.91	0.93	0.94	0.95	0.96	0.96	0.97
面积 F					36.88					
功率密度					15					
Q_τ	425.96	486.82	497.88	503.41	514.48	520.01	525.54	531.07	531.07	536.60

人员湿负荷(kg/h)									
时刻 τ	8:00	9:00	10:00	11:00	12:00	13:00	14:00	15:00	16:00	17:00
φ					0.93					
n					4					
g					102					
D					0.379					

新风显热负荷(W)									
时刻 τ	8:00	9:00	10:00	11:00	12:00	13:00	14:00	15:00	16:00	17:00
系数					0.279					
G					136.8					
t_w					34.7					
t_n					25					
Q_x					370.22					

新风潜热负荷(W)									
时刻 τ	8:00	9:00	10:00	11:00	12:00	13:00	14:00	15:00	16:00	17:00
系数					0.279					
G					136.8					
h_w					83.62					
h_n					52.85					
Q_q					804.18					

新风湿负荷(kg/h)									
时刻 τ	8:00	9:00	10:00	11:00	12:00	13:00	14:00	15:00	16:00	17:00
G					136.8					
d_w					19.01					
d_n					10.89					
D					1.11					

某典型房间各项冷负荷汇总见表 3 - 21。

表 3 - 21　某典型房间各项冷负荷汇总表

项目	时　　刻									
	8:00	9:00	10:00	11:00	12:00	13:00	14:00	15:00	16:00	17:00
西外墙冷负荷(W)	120.23	120.23	109.30	109.30	109.30	109.30	109.30	109.30	120.23	131.16
南外墙冷负荷(W)	71.54	71.54	63.59	63.59	63.59	63.59	71.54	79.49	79.49	87.44
南外窗冷负荷(W)	46.50	56.61	66.72	66.72	76.83	86.94	86.94	86.94	86.94	86.94
南外窗辐射得热冷负荷(W)	87.53	120.19	168.52	211.63	240.37	241.68	223.39	186.81	156.76	130.64
人体显热冷负荷(W)	122.76	169.41	184.14	193.96	203.78	211.15	216.06	220.97	223.42	225.88
人体潜热冷负荷(W)	252.96	252.96	252.96	252.96	252.96	252.96	252.96	252.96	252.96	252.96
照明散热冷负荷(W)	80.55	123.92	140.44	150.77	161.09	167.29	173.48	179.68	183.81	185.88
设备散热冷负荷(W)	425.96	486.82	497.88	503.41	514.48	520.01	525.54	531.07	531.07	536.60
人员湿负荷(kg/h)	0.379	0.379	0.379	0.379	0.379	0.379	0.379	0.379	0.379	0.379
房间显热(W)	955.07	1 148.72	1 230.59	1 299.38	1 369.44	1 399.96	1 406.25	1 394.26	1 381.72	1 384.54
房间全热(W)	1 208.03	1 401.68	1 483.55	1 552.34	1 622.40	1 652.92	1 659.21	1 647.22	1 634.68	1 637.50
房间显热(W)(含新风)	1 325.29	1 518.94	1 600.81	1 669.60	1 739.66	1 770.18	1 776.47	1 764.48	1 751.94	1 754.76
房间全热(W)(含新风)	2 382.43	2 576.08	2 657.95	2 726.74	2 796.80	2 827.32	2 833.61	2 821.62	2 809.08	2 811.90
湿负荷(kg/h)(含新风)	1.489	1.489	1.489	1.489	1.489	1.489	1.489	1.489	1.489	1.489

某建筑物冷负荷汇总见表 3 - 22。

表 3 - 22 某建筑物冷负荷汇总表

房间名称	最大冷负荷(W)	最大湿负荷(kg/h)	新风量(m³/h)	室外相对湿度(%)	室内计算温度(℃)	室内相对湿度(%)	最大冷负荷(含新风)	最大湿负荷(含新风)	房间面积(m²)	面积指标(W/m²)
101 服务机构	74265.68	78.778	5220	54.29	25	65	116818.50	127.0985	745.87	156.6205
201 研究室	4881.15	0.996	340	54.29	25	65	4881.15	4.1433	113.44	67.4611
202 办公室	1487.88	0.379	120	54.29	25	55	1487.88	1.4898	37.00	71.9535
203 办公室	1487.88	0.379	120	54.29	25	55	1487.88	1.4898	37.00	71.9535
204 办公室	687.80	0.190	60	54.29	25	55	687.80	0.7454	16.59	76.8535
205 办公室	1487.88	0.379	120	54.29	25	55	1487.88	1.4898	37.00	71.5749
206 办公室	1473.87	0.379	120	54.29	25	55	1473.87	1.4898	36.37	77.9106
……										
311 办公室	1552.19	0.379	120	54.29	25	55	1552.19	1.4898	37.00	73.6916
312 办公室	1552.19	0.379	120	54.29	25	55	1552.19	1.4898	37.00	73.6916
313 办公室	1552.19	0.379	120	54.29	25	55	1552.19	1.4898	37.00	73.6916
314 办公室	1552.19	0.379	120	54.29	25	55	1552.19	1.4898	37.00	73.6916
315 办公室	2308.46	0.474	150	54.29	25	55	2308.46	1.8625	53.46	70.6410
401 健身房	98656.61	50.784	4140	54.29	25	55	98656.61	89.1072	764.29	177.6675

建筑总冷负荷:259 775.3 W。

§3.3　空气处理过程计算

　　空气处理过程计算的目的是确定空调系统的送风量、新风量和回风量,计算空调机组、风机盘管和新风机组所需的风量和冷量,并根据计算结果完成空调机组、风机盘管和新风机组等设备的选择和参数汇总。空气处理过程计算须根据不同的系统形式,采用相应的焓湿图进行计算。

　　计算步骤:确定典型房间的室内外计算参数(查本专业规范或设计手册);确定送风温差;确定焓湿图各点参数;根据计算的风量和冷量选择设备;完成设备统计表。

　　设计最小新风量应符合下列规定:

　　(1) 公共建筑主要房间每人所需最小新风量应符合表 3-23 规定。

表 3-23　公共建筑主要房间每人所需最小新风量[$m^3/(h \cdot 人)$]

建筑房间类型	新风量
办公室	30
客房	30
大堂、四季厅	10

　　(2) 设置新风系统的居住建筑和医院建筑,所需最小新风量宜按换气次数法确定。居住建筑换气次数宜符合表 3-24 规定,医院建筑换气次数宜符合表 3-25 规定。

表 3-24　居住建筑设计最小换气次数

人均居住面积 F_P	每小时换气次数
$F_P \leqslant 10 \, m^2$	0.70
$10 \, m^2 < F_P \leqslant 20 \, m^2$	0.60
$20 \, m^2 < F_P \leqslant 50 \, m^2$	0.50
$F_P > 50 \, m^2$	0.45

表 3-25　医院建筑设计最小换气次数

功能房间	每小时换气次数
门诊室	2
急诊室	2
配药室	5
放射室	2
病房	2

（3）高密人群建筑每人所需最小新风量应按人员密度确定，且应符合表3-26规定。

表3-26 高密人群建筑每人所需最小新风量[m³/(h·人)]

建筑类型	人员密度 P_F（人/m²）		
	$P_F \leq 0.4$	$0.4 < P_F \leq 1.0$	$P_F > 1.0$
影剧院、音乐厅、大会厅、多功能厅、会议室	14	12	11
商场、超市	19	16	15
博物馆、展览厅	19	16	15
公共交通等候室	19	16	15
歌厅	23	20	19
酒吧、咖啡厅、宴会厅、餐厅	30	25	23
游艺厅、保龄球房	30	25	23
体育馆	19	16	15
健身房	40	38	37
教室	28	24	22
图书馆	20	17	16
幼儿园	30	25	23

3.3.1 全空气一次回风空气处理过程

全空气一次回风空气处理过程如图3-7所示。

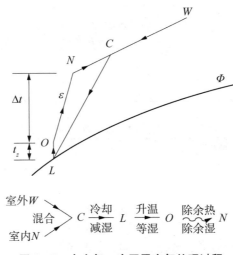

图3-7 全空气一次回风空气处理过程

（1）进入焓湿图界面并读取存档。

送风温差默认为 8℃（舒适性空调合理范围为 5～10℃）。

计算有 3 个合格判断标准：

① 新风比不小于 10%，一般不超过 40%；

② 再热度小于 1.5℃；

③ 换气次数大于等于 6 次/h。

相应的调整方法为：

① 新风比过小可以调大人数或每人新风量，重新计算负荷并保存结果后再重新进行空气处理过程计算；新风比过大则反向调整。

② 再热度不满足可以调大送风温差，最高可以调至 10℃。如仍不满足，则需要调整室内设计参数，如办公楼办公大厅的室内设计温度可以为 26℃，相对湿度可以放宽至 65%。

③ 可适当降低送风温差或增加冷负荷（可通过增加人员、设备、照明密度等方式实现）。

注意：调整过程中各个因素互相联动，可能需要反复试算，以找到最优方案。

（2）设备选型（需风量和冷量同时满足且不跳档），生成焓湿图。

3.3.2　全空气一次回风空气处理过程算例

全空气一次回风空气处理过程算例如图 3-8 所示。

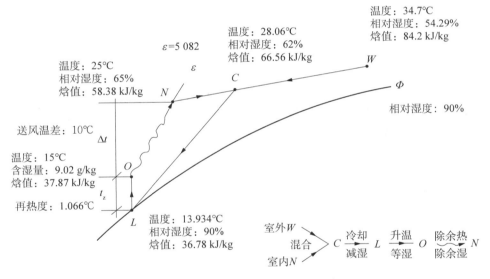

图 3-8　全空气一次回风空气处理过程

一、确定室内外计算参数

首先，根据室外空气夏季空调计算干球温度 $t_w = 34.7℃$ 和湿球温度 $t_{ws} = 26.8℃$，确定新风状态点 W；根据室内设计温度 $t_n = 25℃$ 和相对湿度 $\Phi_n = 65\%$，确定室内空气设计状态点 N。

二、计算室内热湿比

$$\varepsilon = \frac{Q}{W} = \frac{93.342\,6}{0.018\,4} \approx 5\,073$$

三、确定送风状态点

根据室温允许波动范围，拟定送风温差 $\Delta t = 10℃$，得到送风温度 $t_s = 25 - 10 = 15(℃)$，在大气压力 $B = 101\,325\,Pa$ 的 i-d 图上，通过点 N 作 $\varepsilon = 5\,073$ 的直线与 $t_s = 15℃$ 的等温线相交，其交点即送风状态 $O: i_O = 37.87\,kJ/kg$，$d_O = 9.02\,g/kg$。

四、确定机器露点

过点 O 作 $d_O = 9.02\,g/kg$ 的等含湿量线与 $\Phi = 90$ 的等相对湿度线，相交得点 L，$t_1 = 13.934℃$，$i_1 = 36.78\,kJ/kg$。

五、计算系统送风量

$$G = \frac{Q}{i_N - i_O} = \frac{93.342\,6}{58.38 - 37.87} \approx 4.55(kg/s) \approx 13\,881(m^3/h)$$

六、确定混合状态点

系统所需新风量 $G_W = 4\,400\,m^3/h$。

$$\frac{\overline{NC}}{\overline{NW}} = \frac{G}{G_x} = \frac{4\,400}{13\,881} \approx 31.7\%$$

由上式可得 $\overline{NC} \approx 31.7\%\overline{NW}$，即可方便地确定出混合点 C 的位置：$t_C = 28.07℃$，$i_C = 66.56\,kJ/kg$。

七、计算回风量

$$G_h = G - G_W = 13\,881 - 4\,400 = 9\,481(m^3/h)$$

八、确定空气处理过程

当 W, N, O, L, C 诸点位置在图上一一确定之后，依次连接各状态点所得到的空气状态变化过程，即为该一次回风式空调系统夏季设计工况下的空气处理过程。

九、计算系统所需冷量(CL 冷却去湿过程)

$$Q = G(i_C - i_L) = 4.55 \times (66.56 - 36.78) \approx 135.50(kW)$$

十、计算系统所需再热量(LO 等湿升温过程)

$$Q = G(i_O - i_L) = 4.55 \times (37.87 - 36.78) \approx 4.96(kW)$$

十一、选择空调机组

根据上述计算过程，查有关资料选择 39G 1518(6 排)组合式空调机组 1 台，其参数型号如表 3-27 所示。

表 3-27　服务机构空调机组选型

风机盘管型号	额定风量 (m³/h)	额定冷量 (kW)	显热冷量 (kW)	机组功率 (kW)	机组水流量 (L/s)	水压降 (kPa)
39G 1518(6 排)	18 689	150.61	101.68	15	7.2	41.8

能耗分析见图 3-9。

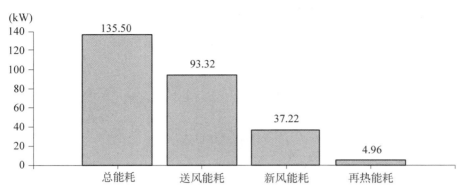

图 3 - 9　全空气一次回风空气处理过程能耗分析

3.3.3　风机盘管加新风系统空气处理过程

风机盘管加新风系统空气处理过程如图 3 - 10 所示。

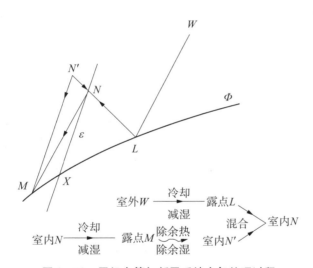

图 3 - 10　风机盘管加新风系统空气处理过程

（1）计算结果校核与调整：

① 计算完成送风量折合换气次数大于 3 次/h，小于 12 次/h；

② 如果送风温差小于虚拟温差，则需要调整。

相应的调整方法为：

① 适当降低送风温差或增加冷负荷（可通过增加人员、设备、照明密度等方式实现）。

② 需要回到负荷计算界面调整室内设计参数，如办公楼办公室的室内设计温度可以为 26℃，相对湿度可以放宽至 65%。

注意：调整过程中各个因素互相联动，可能需要反复试算，以找到最优方案。

（2）选择风机盘管时需风量和冷量同时满足，新风机组的风量应该是其负担的所有房间新风量的总和，选型时需满足新风量要求，其编号一般采用 KX - N 的形式。

3.3.4　风机盘管加新风系统空气处理过程算例

风机盘管加新风系统空气处理过程算例如图 3-11 所示。

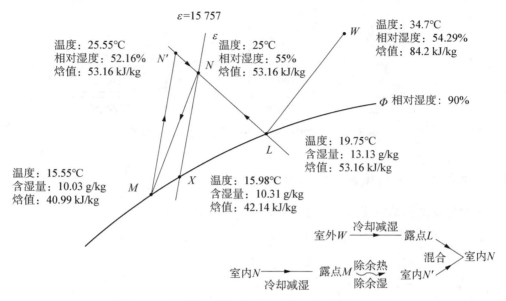

图 3-11　某办公室风机盘管加新风系统空气处理过程

一、确定室内外计算参数

首先,根据室外空气夏季空调计算干球温度 t_w＝34.7℃ 和湿球温度 t_{ws}＝26.8℃,确定新风状态点 W;根据室内设计温度 t_n＝25℃ 和相对湿度 Φ_n＝55%,确定室内空气设计状态点 N。

二、计算室内热湿比

$$\varepsilon=\frac{Q}{W}=\frac{1\,659.21}{0.105\,3}\approx15\,757$$

三、确定虚拟状态点

在大气压力 B＝101 325 Pa 的 $i-d$ 图上,通过点 N 作 ε＝15 757 的直线与 Φ＝90% 相对湿度线相交,其交点即虚拟状态 X:i_X＝42.14 kJ/kg,d_X＝10.31 g/kg。

四、确定送风处理状态点

在点 N 及点 X 左侧作平行于 $\overline{NX}$ 的直线,与 Φ＝90% 相对湿度线相交,其交点即送风状态 M:i_M＝40.99 kJ/kg,d_M＝10.03 g/kg。

五、确定送风进入室内未与新风混合前的状态点

在点 N 及点 X 左侧作平行于 $\overline{NX}$ 的直线,与 Φ＝90% 相对湿度线相交,其交点即送风状态 N:i_N＝53.16 kJ/kg,d_N＝10.79 g/kg,且 应满足 $\Delta t_{NX}\leqslant\Delta t_{N'M}\leqslant10$℃。

六、确定空气处理过程

当 W,N,N',L,X,M 诸点位置在图上一一确定之后,依次连接各状态点所得到的空气状态变化过程,即为该风机盘管加新风系统夏季设计工况下的空气处理过程。

七、风机盘管风量计算

$$G_f = \frac{Q}{i_N - i_M} = \frac{1\,659.21 \times 3\,600}{(53.16 - 40.99) \times 1\,000 \times 1.18} \approx 415.94 \, (\text{m}^3/\text{h})$$

八、新风量

$$G_W = 120 \, \text{m}^3/\text{h} = 0.038 \, \text{kg/s}$$

九、新风冷负荷计算

$$Q_X = G_W \times (i_w - i_N) = 120 \div 3.6 \times 1.14 \times (84.2 - 53.16)$$
$$= 1\,179.52 \, (\text{W})$$

风机盘管所承担冷负荷:

$$Q_f = Q = 1\,659.21 \, (\text{W})$$

十、选择风机盘管

根据所需风量查有关资料选择 FP-5 型风机盘管 1 台,其参数型号如表 3-28 所示。

表 3-28　某办公室风机盘管选型

风机盘管型号	额定风量 （m³/h）	额定冷量 （W）	显热冷量 （W）	设备功率 （kW）	设备水流量 （kg/h）	水压降 （kPa）	额定热量 （W）
FP-5	500	2 800	2 100	51	539.04	24	4 200

能耗分析见图 3-12。

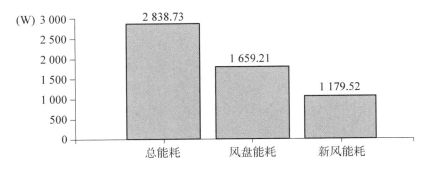

图 3-12　某办公室风机盘管加新风能耗分析

风机盘管加新风系统空气处理设备汇总见表 3-29。

表 3 – 29　风机盘管加新风系统空气处理设备汇总

房间名称	全冷负荷 (W)	显冷负荷 (W)	湿负荷 (g/s)	计算送风量 (m³/h)	风机盘管型号	额定冷量(W)	额定热量(W)	额定风量(m³/h)	功率 (kW)	数量 (台)	最小新风量 (m³/h)	新风负荷 (W)
601 办公室	1196.74	980.21	0.0792	297.56	FP-3.5	2000	3000	350	30	1	90	548.39
602 办公室	1161.06	944.83	0.0792	286.82	FP-3.5	2000	3000	350	30	1	90	548.39
603 办公室	1099.96	885.08	0.0792	268.68	FP-3.5	2000	3000	350	30	1	90	548.39
604 办公室	1155.57	939.60	0.0792	285.23	FP-3.5	2000	3000	350	30	1	90	548.39
605 会议室	3097.54	2195.37	0.3425	666.44	FP-3.5	2000	3000	350	30	2	390	2050.88
...												
611 办公室	1011.72	798.73	0.0792	242.47	FP-3.5	2000	3000	350	30	1	90	548.39
612 办公室	1040.96	827.01	0.0792	251.05	FP-3.5	2000	3000	350	30	1	90	548.39
613 会议室	2912.59	2014.56	0.3425	611.55	FP-3.5	2000	3000	350	30	2	325	1709.07
614 办公室	997.10	784.10	0.0792	238.03	FP-3.5	2000	3000	350	30	1	90	548.39
615 办公室	1061.36	847.23	0.0792	257.19	FP-3.5	2000	3000	350	30	1	90	548.39
合计											1885	10889.02

新风机组选型及其性能参数见表 3 - 30。

表 3 - 30　新风机组选型及其性能参数

新风机组型号	风量（m³/h）	机外全压（Pa）	额定冷量（kW）	额定热量（kW）	功率（kW）	水流量（L/s）	水压降（kPa）	机组尺寸（mm）	重量（kg）
MKS02D-4Y/C	2 000	120	11.4	18.6	0.55	0.545	19	850×870×555(H)	100

§3.4　气流组织计算

气流组织计算的目的是选择气流分布形式；确定送风口的形式、位置、数目和尺寸；使工作区的风速和气流射程满足设计要求，并需满足噪声要求。舒适性空调气流组织的基本要求见表 3 - 31，常用送风方式及其适用条件见表 3 - 32。选定送风方式后可以应用相应的计算模块进行气流组织计算。

表 3 - 31　舒适性空调气流组织的基本要求

室内温湿度参数	送风温差（℃）	每小时换气次数	风速(m/s)		可能采取的送风方式
			送风出口	空气调节区	
冬季 18～24℃，Φ=30%～60%；夏季 22～28℃，Φ=40%～66%	送风口高度 h ≤5 m 时，5～10；送风口高度 h >5 m 时，10～15	不宜小于 5 次，但对高大空间，应按其冷负荷通过计算确定	应根据送风方式、送风口类型、安装高度、室内允许风速、噪声标准等因素确定。消声要求较高时，采用 2～5	冬季≤0.2，夏季≤0.3	① 侧向送风　② 散流器平送或向下送　③ 孔板上送　④ 条缝上送　⑤ 喷口或旋流风口送风　⑥ 置换通风　⑦ 地板送风

表 3 - 32　常用送风方式及其适用条件

送风方式	风口形式	送回风口布置形式	适用条件
侧向送风	百叶风口	单侧或双侧上送上回、上送下回	建筑物层高较低，便于局部吊顶的空调房间
散流器送风	圆形散流器、方（矩）形散流器、盘式散流器	上送上回、上送下回	建筑物层高较低，单位面积送风量较大，全部吊顶的空调房间
孔板上送	全面孔板或局部孔板	上送下回	建筑物层高较低，且有吊平顶可供利用，单位面积送风量很大，而空调区又需要保持较低的风速，或对区域温差有严格要求
喷口或旋流风口送风	喷口、旋流风口	侧送上下回或顶送下回	高大厂房或层高很高的公共建筑（如会堂、体育馆、影剧院等）

3.4.1　散流器顶送风

一、散流器布置原则

（1）适用于方形或接近方形的房间，需要用于矩形房间时，其长宽比不得大于 1.5，其中长宽比大于 1.25 的宜选用矩形散流器；对于建筑尺寸较大的房间，可将其分割成相等的方块，在每个方块中央设置一个散流器，每个方块可当作单独的房间对待。

（2）宜按对称均匀布置或梅花形布置，散流器中心与侧墙间的距离不宜小于 1.0 m。

（3）计算出射程后，要对射程进行校核，原则是散流器的射程应为散流器中心到房间（或分区）长度边缘距离的 75%。

（4）室内平均风速是房间尺寸和主气流射程的函数，根据房间的水平长度和房间高度 h 可求得。该风速是在等温条件下求得的，在送冷风时加大 20%，送热风时减少 20%。

（5）如果噪声超过允许值，则将房间多划分些区块，增加散流器个数。

（6）散流器颈部最大送风速度参见表 3-33。

表 3-33　散流器颈部最大送风速度(m/s)

建筑物类别	允许噪声	室内的净高度				
		3 m	4 m	5 m	6 m	7 m
广播室	32 dB	3.9	4.2	4.3	4.4	4.5
剧场、住宅、手术室	33～39 dB	4.4	4.6	4.8	5.0	5.2
旅馆、饭店、个人办公室	40～46 dB	5.2	5.4	5.7	5.9	6.1
商店、银行、餐厅、百货公司	47～53 dB	6.2	6.6	7.0	7.2	7.4
公共建筑：一般办公、百货公司底层	54～60 dB	6.5	6.8	7.1	7.5	7.7

（7）吊顶上部应有足够的空间，以便安装风管和散流器的风量调节阀。

（8）采用圆形或方形散流器时，应配置对开多叶风量调节阀或双（单）开板式风量调节阀；有条件时，在散流器的颈部上方配置带风量调节阀的静压箱。

（9）散流器（静压箱）与支风管的连接，宜采用柔性风管，便于施工安装。

二、散流器顶送风计算过程

（1）进入气流组织计算界面。

（2）根据建筑平面图划分计算网格，填写布置区域长、宽、高；填写散流器布置行数和列数，初设散流器颈部尺寸并计算。

空调区域尺寸确定及网格划分说明参见图 3-13。

说明：

1. 将如图 3-13(1)的不规则空调区域变成如图 3-13(2)的规则空调区域图，空调区域变为长 40 m、宽 20 m 的矩形区域，并按照图 3-13(2)进行散流器布置的网格划分。

2. 校核散流器射程和送风风速，如果不满足要求，需要重新划分网格，再进行送风口计算，直到满足要求。

3. 填写回风量并根据图纸布置确定回风口数量，完成回风口选型计算和回风口风速校核。

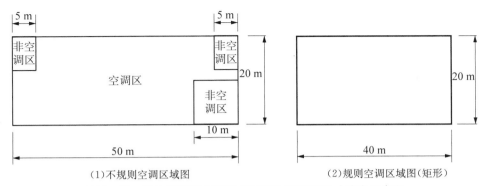

（1）不规则空调区域图　　　　　　　（2）规则空调区域图（矩形）

图 3 - 13　散流器顶送气流组织计算空调区域尺寸确定示意图

三、散流器顶送算例

散流器平面布置如图 3 - 14 所示。

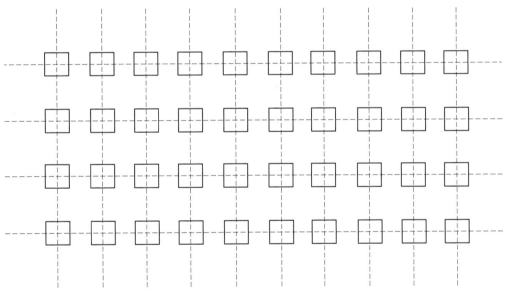

图 3 - 14　散流器平面布置图

（1）确定空调区房间尺寸：长度 $A = 32\ \mathrm{m}$，宽度 $B = 13\ \mathrm{m}$，高度 $H = 4\ \mathrm{m}$。

（2）本设计送风口选用方形散流器，假定散流器出口风速为 $3\ \mathrm{m/s}$，方形散流器的尺寸规格为 $180\ \mathrm{mm} \times 180\ \mathrm{mm}$，则方形散流器风口有效面积为

$$F' = k \times F = 0.8 \times (180 \div 1\,000)^2 \approx 0.026\,(\mathrm{m}^2)$$

方形散流器颈部实际风速为

$$v_s = Q \div F' = 292.13 \div 0.026 \div 3\,600 \approx 3.12\,(\mathrm{m/s})$$

风口实际射程为

$$x = \frac{K\sqrt{F'}\,v_s}{v_x} - x_o = \frac{1.4 \times \sqrt{0.026} \times 3.12}{0.5} - 0.07 \approx 1.339\,(\mathrm{m})$$

（3）计算回风口面积 F_h、确定回风口尺寸。

首先，确定回风口数量 $N_h = 6$ 个，假定回风风速 $v_{jh} = 3\,\mathrm{m/s}$。

由空气处理过程计算可知总回风量 $L_h = 9\,300\,\mathrm{m^3/h}$。

根据假定流速法可初步计算单个回风口面积：

$$f_h = \frac{L_h}{3\,600 v_{jh} N_h k_h} = \frac{9\,300}{3\,600 \times 3 \times 6 \times 0.9} \approx 0.159\,5\,(\mathrm{m/s})$$

由初步计算的单个回风口面积选定规格为 $800\,\mathrm{mm} \times 200\,\mathrm{mm}$ 的单层百叶风口。

校核回风口流速：

$$v_h = \frac{L_h}{3\,600 N_h k_h F_h} = \frac{9\,300}{3\,600 \times 6 \times 0.9 \times \dfrac{800}{1\,000} \times \dfrac{200}{1\,000}} \approx 2.99\,(\mathrm{m/s})$$

回风口位于房间上部，流速小于 $4.0\,\mathrm{m/s}$，因此满足规范要求。

3.4.2 风机盘管侧送风

一、风机盘管侧送布置原则

（1）侧送风口的设置，宜沿房间平面中的短边分布；当房间的进深很长时，宜选择双侧对送，或沿长边布置侧送风口。回风口宜布置在送风口同一侧的下部。

（2）对于舒适性空调，当采用双层百叶风口进行侧向送风时，应选用横向叶片（可调的）在外、竖向叶片（固定的）在内的风口，并配有对开式风量调节阀。根据房间供冷和供热的不同要求，通过改变横向叶片的安装角度，可调整气流的仰角或俯角。

（3）侧送百叶送风口的最大送风速度参见表 3-34。

表 3-34　侧送百叶送风口的最大送风速度(m/s)

建筑物类别	最大送风速度	建筑物类别	最大送风速度
播音室	1.5～2.5	电影院	5.0～6.0
住宅、公寓	2.5～3.8	一般办公室	5.0～6.0
旅馆客房	2.5～3.8	个人办公室	2.5～4.0
会堂	2.5～3.8	商店	5.0～7.5
剧场	2.5～3.8	医院病房	2.5～4.0

二、风机盘管侧送算例

（1）计算送风口面积 f_s、确定送风口的尺寸或等面积当量直径 d_s：

$$f_s = \frac{L_s}{3\,600 v_s N k} = \frac{297.56}{3\,600 \times 11.88 \times 1 \times 0.72} \approx 0.009\,66\,(\mathrm{m^2})$$

选择规格为 $200\,\mathrm{mm} \times 120\,\mathrm{mm}$ 的双层百叶风口，则实际风口面积

$$f_s = \frac{200}{1\,000} \times \frac{120}{1\,000} = 0.024\,(\mathrm{m^2})$$

等面积当量直径为

$$d_s = 1.128\sqrt{f_s} = 1.128 \times \sqrt{0.024} \approx 0.17475(\text{m})$$

送风口的实际送风速度

$$v_s = \frac{L_s}{3600 F_s N k} = \frac{297.56}{3600 \times \dfrac{200}{1000} \times \dfrac{120}{1000} \times 1 \times 0.72} \approx 4.78(\text{m}^2)$$

（2）校核房间高度：设底边至吊顶距离为 $0.4\,\text{m}$，则有

$$H = h + S + 0.07x + a = 2 + 0.4 + 0.07 \times 5.32 + 0.3 \approx 3.07(\text{m})$$

由于该值小于 $3.3\,\text{m}$，因此房间高度符合要求。

组织原理图如图 3-15 所示。

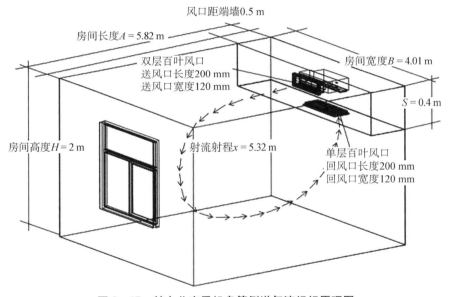

图 3-15 某办公室风机盘管侧送气流组织原理图

3.4.3 喷口侧送风

一、喷口侧送布置原则

（1）喷口侧送的风速宜取 $4\sim8\,\text{m/s}$。若风速太小，则不能满足射程的要求；若风速过大，则在喷口处会产生较大的噪声。当空调区内对噪声控制要求不十分严格时，风速最大值可取为 $10\,\text{m/s}$。

（2）喷口侧向送风应使人员的活动区处于射流的回流区。

（3）喷口有圆形和扁形两种形式。圆形喷口的收缩段长度宜取喷口直径的 1.6 倍，其倾斜度不宜大于 $15°$；扁形喷口的高度比为 $1:20\sim1:10$。工程上以圆形喷口用得最多。

（4）圆形喷口的直径及数量应通过计算确定。喷口的安装高度不宜低于空调空间高度的 $1/2$。

（5）对于兼作热风供暖的喷口送风系统，为防止热射流上浮，应考虑使喷口能够改变射流出口角度，即喷口的倾角应设计成可任意调节的。

（6）喷口送风的速度要均匀，且每个喷口的风速要接近相等，因此安装喷口的风管应设计成变断面的均匀送风风管，或起静压箱作用的等断面风管。

二、喷口侧送算例

喷口侧送射流图如图 3-16 所示。

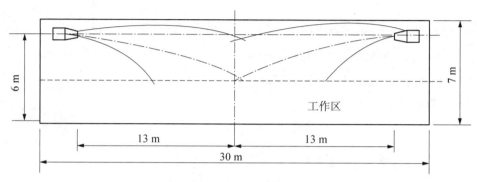

图 3-16　喷口侧送射流图

（1）确定空调区房间尺寸：长 $A=30\text{ m}$，宽 $B=12\text{ m}$，高 $H=7\text{ m}$。

（2）计算送风量。

空调区的显热冷负荷：$Q_x=32\,300\text{ W}$。

选取送风温差：$\Delta t_s=8℃\leqslant 10℃$。

送风量：

$$L_s=\frac{3.6Q_x}{1.2\times 1.01\times \Delta t_s}\approx 11\,993\,(\text{m}^3/\text{h})$$

由于采用对喷，因此一侧的总送风量为 $6\,000\text{ m}^3/\text{h}$。

换气次数：

$$n=\frac{L_s}{A\times B\times H}\approx 5\,(次/\text{h})$$

换气次数 $\geqslant 5$ 次，满足要求。

（3）计算相对落差和相对射程。

喷口直径：$d_s=200\text{ mm}$，工作区的高度：$h=2.7\text{ m}$，喷口距顶棚高度：$h'=1\text{ m}$。

每股射流的射程：$x=13\text{ m}$，落差：$y=H-h-h'=3.3\,(\text{m})$。

相对落差：16.5 m，相对射程：65 m。

（4）计算阿基米德数。

当 $\beta=0$ 且送冷风时：

$$Ar=\frac{y/d_s}{(x/d_s)^2\left(0.51\dfrac{0.07x}{d_s}+0.35\right)}$$

当 β 角向下且送冷风时：

$$Ar = \frac{\dfrac{y}{d_s} - \dfrac{x}{d_s}\tan\beta}{\left(\dfrac{x}{d_s\cos\beta}\right)^2 \left(0.51\dfrac{0.07x}{d_s\cos\beta} + 0.35\right)}$$

当 β 角向下且送热风时：

$$Ar = \frac{\dfrac{x}{d_s}\tan\beta - \dfrac{y}{d_s}}{\left(\dfrac{x}{d_s\cos\beta}\right)^2 \left(0.51\dfrac{0.07x}{d_s\cos\beta} + 0.35\right)}$$

本工程为：倾角 $\beta = 0$ 且送冷风。

阿基米德数 $Ar = 0.00146$。

（5）计算喷口送风速度：

$$v_s = \sqrt{\frac{g d_s \Delta t_s}{Ar(t_n + 273)}} \approx 5.98(\text{m/s}) \leqslant 10(\text{m/s})$$

喷口侧向送风的风速宜取 $4 \sim 8$ m/s。

（6）校核射流末端的轴心速度和平均速度：

$$v_x = v_s \times \frac{0.48}{\dfrac{0.07x}{d_s} + 0.145} \approx 0.61(\text{m/s})$$

射流末端的平均速度 v_p：

$$v_p = \frac{1}{2}v_x = 0.305(\text{m/s})$$

（7）计算喷口个数：

$$n = \frac{L_s}{L_d} = \frac{L_s}{\dfrac{\pi}{4}d_s^2 v_s \times 3600} \approx 8.9(\text{个})$$

喷口个数 n：8.9 个。

每侧采用口径规格 200 mm 带收缩口圆喷口 9 个。

喷口的实际送风速度 v_s：

$$v_s = \frac{L_s}{\dfrac{\pi}{4}d_s^2 n \times 3600} \approx 5.89(\text{m/s})$$

射流末端的轴心速度 v_x：

$$v_x = v_s \times \frac{0.48}{\dfrac{0.07x}{d_s} + 0.145} \approx 0.6(\text{m/s})$$

平均速度：

$$v_p = \frac{1}{2} v_x = 0.3 (\text{m/s})$$

夏季≤0.3 m/s，冬季≤0.2 m/s。

3.4.4 孔板送风

（1）确定孔口中心距和孔口数目。

孔口中心距：

$$l = d_s \sqrt{\frac{0.785}{K}} = 0.886 \frac{d_s}{\sqrt{K}} \approx 104 (\text{mm})$$

实取105 mm。

孔口总数：孔板长 $a = 6$ m，孔板宽 $b = 3.6$ m。

孔口总数 n：

$$n = n_a \times n_b = \left[\frac{a}{l}\right] \times \left[\frac{b}{l}\right] = 1\,938 (\text{个})$$

式中，[ ]为取整函数。

（2）校核空调区的最大风速。

§3.5 空调风系统创建

3.5.1 新建风系统项目

打开Revit软件，创建一个新的项目，在项目样板中选择机械样板（见图3-17），不同的样板对应于不同的专业类别，如果不使用对应的专业样板，会出现无法顺利建模的问题（如风管系统无弯头），并且对应的视图内容可视性也会出问题（如需要的专业内容无法正常显示）。

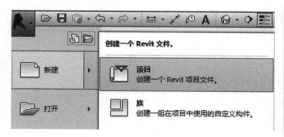

图3-17 新建风系统项目与选择样板

在建设项目资料有一定积累后，一般的工程企业应当建立适用于自己企业各专业相应的工程样板。

3.5.2　风管系统

（1）在项目浏览器中找到"族"节点，双击后找到"风管系统"节点（见图 3-18）。

图 3-18　项目浏览器风管系统节点

（2）由于 Revit 软件的风管系统族类型预设了"回风""排风""新风""送风"几种，因此用户自建的风管系统需要对系统族类型进行复制，将新建的系统命名并设置好颜色和风管线的线宽（见图 3-19）。

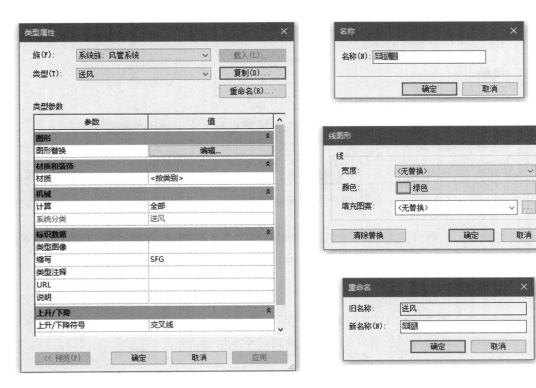

图 3-19　风系统创建图

（3）在绘制风管路时，在属性栏中切换创建的风系统（见图 3 - 20）。

图 3 - 20　风管创建

3.5.3　风管

"系统"选项卡 ➤ "HAVC"面板 ➤ 风管。

在参数栏中可以修改风管的宽度与高度以及风管相对于本层地面的高度（见图 3 - 21）。

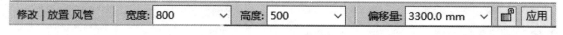

图 3 - 21　风管参数设置

在属性栏中可以修改风管的对齐方式、参照标高以及系统类型，并且可以在流量参数栏里看到对应的流量、速度以及比摩阻、雷诺数等相关参数（见图 3 - 22）。

3.5.4　风管管件

"系统"选项卡 ➤ "HAVC"面板 ➤ 风管管件。

在属性栏中可以修改风管管件的标高以及相对于本层地面的高度（见图 3 - 23）。

机械	
系统分类	回风
系统类型	回风
系统名称	
系统缩写	HFG
底部高程	3050.0
顶部高程	3550.0
当量直径	0.0
尺寸锁定	☐
损耗系数	0.000000
水力直径	0.0
剖面	0
面积	0.792 m²
机械 - 流量	
流量	0.0000 m³/h
其他流量	0.0000 m³/h
速度	0.00 m/s
摩擦	0.0000 Pa/m
压降	0.00 Pa
风压	0.00 Pa
雷诺数	0.000000

属性　　　　　　　　　　×

矩形风管
半径弯头/T 形三通

新建 风管　　　　　编辑类型

限制条件	
水平对正	中心
垂直对正	中
参照标高	标高 1
偏移量	3300.0
开始偏移	3300.0
端点偏移	3300.0
坡度	0.0000%

图 3‑22　风管属性参数

矩形Y型三通-变径

新建 风管管件　　　　编辑类型

限制条件	
标高	标高 1
主体	标高：标高 1
偏移量	0.0

图 3‑23　风管管件属性参数

3.5.5　风管附件

"系统"选项卡 ➤ "HAVC"面板 ➤ 风管附件。

在属性栏中可以修改风管附件的标高以及相对于本层地面的高度(见图 3‑24)。

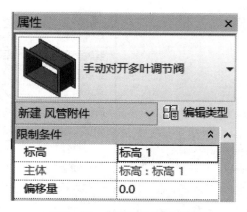

图 3‑24 风管附件属性参数

3.5.6 风道末端

"系统"选项卡 ▶ "HAVC"面板 ▶ 风道末端。

在属性栏中可以修改风道末端距本层地面的高度(偏移量),为完成风管系统的水力计算以及风管规格的自动匹配,需要正确设置风道末端的流量和阻力损失。

在属性栏中可以修改风道末端的参照标高以及相对于本层地面的高度,并且可以在流量参数栏里看到对应的速度以及宽度、高度等相关参数(见图 3‑25)。

图 3‑25 风道末端属性参数

§3.6　空调风系统 BIM 模型建立

3.6.1　风管布局

（1）圈选需要连接风管的风口。

（2）点击上面选项卡中"创建系统"中的"风管"命令（见图 3－26）。

图 3－26　创建风管系统

（3）修改系统名称，点击确定（见图 3－27）。

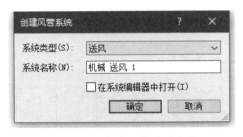

图 3－27　修改风管系统名称

（4）点击上面选项卡中"布局"中的"生成布局"命令（见图 3－28）。

图 3－28　创建风管布局

（5）进入布局中，点击"放置基准"，放置在主风管起始端（见图 3－29、图 3－30）。

图 3－29　风管布局放置基准

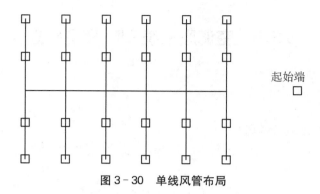

图 3-30　单线风管布局

（6）点击上面选项卡中"修改布局"中的"编辑布局"命令（见图 3-31）。

图 3-31　编辑风管布局界面

（7）点击拖动单线风管，可以编辑管路（见图 3-32）。

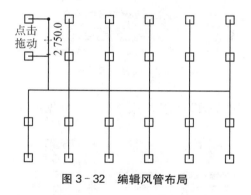

图 3-32　编辑风管布局

（8）点击上面选项卡中"修改布局"中的"解决方案"命令（见图 3-33）。

图 3-33　风管系统解决方案

（9）选择解决方案的类型，点击"设置"左侧的左右方向按钮可以切换风管布局的类型（见图 3 - 34）。

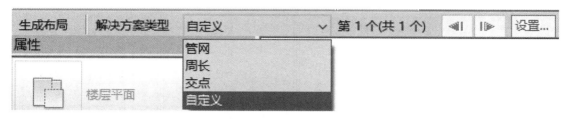

图 3 - 34　风管系统解决方案类型

（10）点击上面选项卡中"修改布局"中的"解决方案"命令（见图 3 - 35）。

图 3 - 35　风管系统解决方案命令

（11）点击上面选项卡中"修改布局"中的"修改基准"命令，可以对风管的起始端进行修改（见图 3 - 36）。

图 3 - 36　风管系统修改基准

（12）点击上面选项卡中"修改布局"中的"完成布局"命令，完成风管系统的初始布置（见图 3 - 37、图 3 - 38）。

图 3 - 37　风管系统完成布局

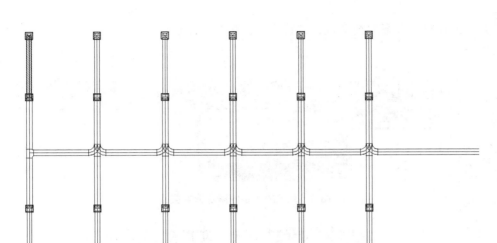

图 3-38　初创风管系统

（13）修改生成的管路中 Y 型三通和四通的方向（见图 3-39）。

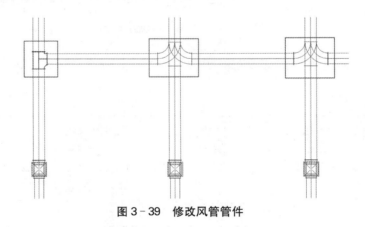

图 3-39　修改风管管件

（14）修改四通需要先删除四通，先手动连接横向支管，再手动连接主风管（见图 3-40）。

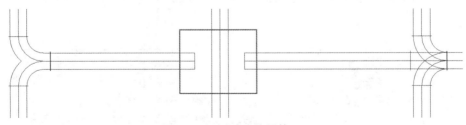

图 3-40　手动连接风管

（15）点击管件后点击"翻转管件"的双箭头，进行翻转管件（见图 3-41）。
（16）最终修改过的管路管件方向如图 3-42 所示。

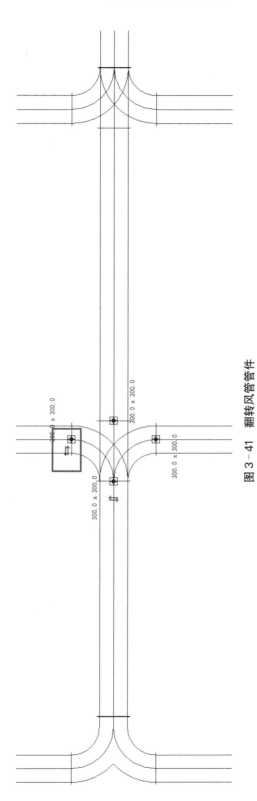

图 3-41 翻转风管管件

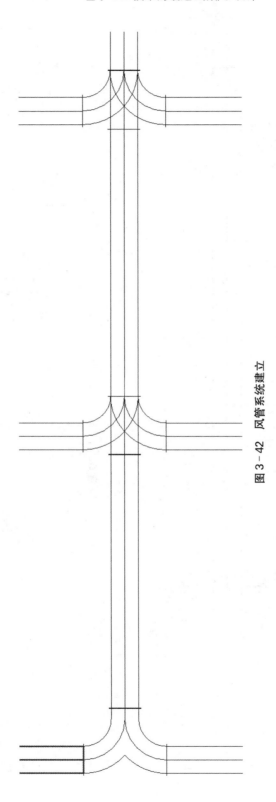

图 3 – 42　风管系统建立

3.6.2 手动布置

(1) 选择要连接的单个风口,再点击需要连接到的风管(见图3-43)。

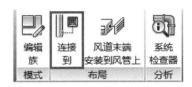

图3-43 连接单个风口

(2) 最终修改过的管路管件方向如图3-44所示。

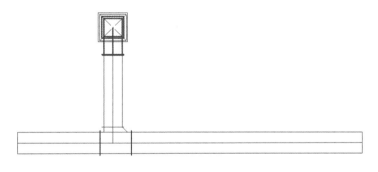

图3-44 风口连接风管

§3.7 空调风系统计算

3.7.1 风管的设计与布置原则

空调系统风道布置直接影响空调系统的总体布局,与工艺、土建、电气、给排水、消防等专业关系密切,应相互配合、协调。风管设计时遵循以下要点:

(1) 布置时应尽量使排、回风口与送风口远离,送风口应尽量放在排风口的上风侧;为避免吸入室外地面灰尘,送风口底部距地不宜低于2 m。

(2) 风管的断面形状应与建筑结构配合,并力争做到与建筑空间完美统一。布置风道时,应使风管少占建筑空间而不妨碍生产操作,常沿着墙、柱、楼板屋梁或屋架敷设,安装在支架或吊架上。

(3) 风管布置尽量短,应力求顺直,避免复杂的局部构件。弯头、三通等管件安排得当,与风管的连接合理,以减少阻力噪声。

(4) 尽量选择标准规格管,方便制作与施工。

(5) 安装防火阀、调节阀等阀件时,应注意将操作手柄放置在方便操作的地方。

（6）矩形风管的宽与高比值宜控制在 4：1 左右，节省建筑空间。

（7）根据《实用供热空调设计手册》，风管内风速可按表 3 - 35 取值。

表 3 - 35　公共建筑空调管道的风速要求（m/s）

管道类型	推荐风速	最大风速
主管	5.0～6.5	5.5～7.0
支管	3.0～4.5	4.0～6.5
再支管	3.0～3.5	4.0～6.0

3.7.2　风管水力计算

一、风管水力计算任务

空调系统水力计算的目的是：确定各管段的断面尺寸和系统阻力，保证系统内的风量分配达到要求，最终确定系统通风机的型号和动力消耗。

（1）确定风管的形状和选择风管的尺寸；

（2）计算风管的沿程阻力和局部阻力；

（3）与最不利环路并联的管路的阻力平衡计算。

二、风管水力计算方法

风管水力计算步骤：

（1）绘制空调系统轴测图，并对各段风管进行编号，标注风量和长度；

（2）确定最不利环路，一般指最远或局部阻力最大的环路；

（3）根据表 3 - 35 中推荐的风速值，确定风管内的合理流速；

（4）根据各风管的风量和选择的流速确定各管段的断面尺寸，计算沿程阻力和局部阻力；

（5）与最不利环路并联的管路的阻力平衡计算。

三、风管的阻力损失计算

$$\Delta P = \Delta P_m + \Delta P_j$$

式中：ΔP_m——沿程阻力损失，Pa；

ΔP_j——局部阻力损失，Pa；

ΔP——阻力损失，Pa。

1. 沿程阻力损失

空气在管内流动时的沿程阻力损失 ΔP_m 可按下式计算：

$$\Delta P_m = R_m \cdot l$$

式中：R_m——单位管长沿程摩擦阻力（即比摩阻），Pa/m；

l——风管长度，m。

其中单位管长沿程摩擦阻力可按下式计算：

$$R_m = \frac{\lambda}{d_e} \frac{v^2}{2} \rho$$

式中：λ ——摩擦阻力系数；

d_e ——风管当量直径，m；

v ——风速，m/s；

ρ ——空气密度，kg/m^3。

2. 局部阻力损失

当气流经过阀门、三通、弯头、风口及变径等管件时，都将产生局部阻力，从而导致局部损失。局部损失 ΔP_j 可用下式计算：

$$\Delta P_j = \xi \frac{v^2}{2} \rho$$

式中：ΔP_j ——局部阻力损失，Pa；

ξ ——风管的局部阻力系数。

四、Revit 风管水力计算方法

（1）鼠标靠近风管后，敲击键盘"Tab"键，敲击一次可以选择与风管相连接的管件，敲击两次"Tab"键，并点击鼠标左键，可以实现选择包含该管段的完整的风管系统。

（2）点击选项卡"分析"中的"系统检查器"命令，检查一下系统的流动状态是否正确（见图3-45、图3-46）。

图 3-45　风管系统检查器

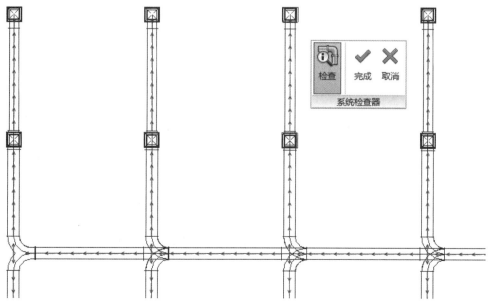

图 3-46　风管系统管道流向

（3）点击选项卡"分析"中的"调整风管/管道大小"命令，可以设置规则，进行风管尺寸规格的调整（见图 3 - 47）。

图 3 - 47　调整风管大小选项卡

（4）在调整风管大小对话框中可以设置调整大小的依据，风管规格一般采用与流速相对应的方式（见图 3 - 48）。

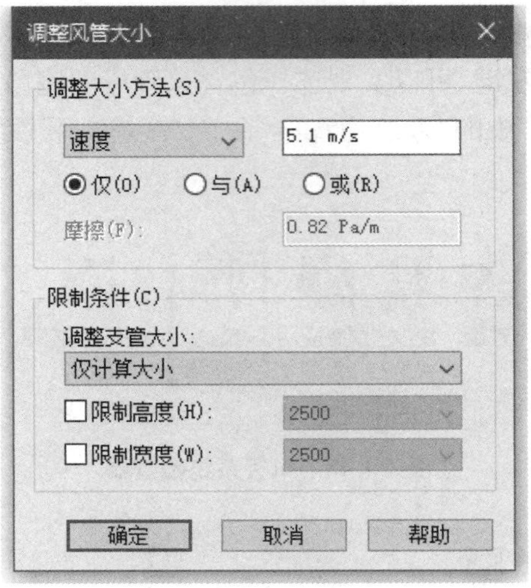

图 3 - 48　调整风管大小对话框

限制条件包含 3 种：

第一种"仅计算大小"指的是生成管道的尺寸仅以计算结果为依据。

第二种"匹配连接件大小"指的是生成管道的尺寸以连接件（一般是与风管连接的风口等设备）的尺寸规格为依据，但此种方法不影响主风管计算结果，仅影响与风口等连接件直接相连的支风管尺寸，从而可以更好地避免因连接件与计算的风管尺寸不一致而产生的缩变径的问题。

第三种"连接件与计算值之间的较大者"指的是直接与连接件相连的风管尺寸选取计算值与连接件尺寸两者间的较大者，此种方式当计算值小于连接件尺寸时，选择连接件的尺寸规格，当计算值大于连接件尺寸时，选择计算值的尺寸规格，从而可以避免因连接件尺寸规格较小导致最终与其连接的风管尺寸较小而产生的风管阻力增加的问题。

详见图 3 - 49。

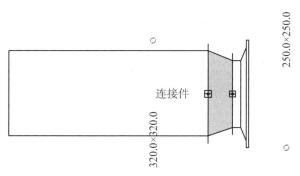

图 3-49　风管系统自适应连接件

　　"限制高度与限制宽度"设置规定了生成的风管尺寸的最大高度与最大宽度,如果不进行设置,则生成的风管趋向于正方形,因此主风管的高度可能过高。应该根据建筑物的具体情况进行设置,比如主风管的高度根据建筑物的净高进行设置,使主风管规格调整为矩形风管以满足实际工程的需求。

　　(5)点击"分析"菜单栏中的"风管压力损失报告"选项卡,可以设置规则,进行风管尺寸规格的调整(见图 3-50)。

图 3-50　风管压力损失报告

选择需要输出报告的风管系统进行输出设定(见图 3-51)。

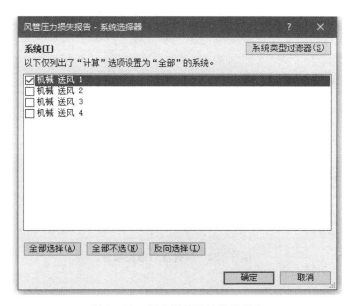

图 3-51　创建风管系统输出报告

在可用字段中选择需要的参数添加到报告字段中,并且根据需求调整已选择参数的顺序(见图 3-52)。

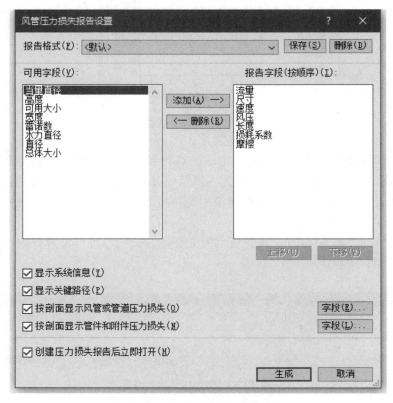

图 3-52　风管压力损失报告设置

最终生成.html 格式的计算书。风管压力损失报告见图 3-53。

机械 送风 1

系统信息	
系统分类	送风
系统类型	送风
系统名称	机械 送风 1
缩写	

总压力损失(按剖面)

剖面	图元	流量	尺寸	速度	风压	长度	损耗系数	摩擦	总压力损失	剖面压力损失
1	管件	500.0 m³/h	-	0.0 m/s	3.0 Pa	-	1.241834	-	3.7 Pa	13.2 Pa
	风道末端	500.0 m³/h							9.5 Pa	
2	风管	500.0 m³/h	160x200	4.3 m/s		882		1.45 Pa/m	1.3 Pa	6.9 Pa
	管件	500.0 m³/h	-	4.3 m/s	11.3 Pa		0.4992		5.7 Pa	
3	风管	1000.0 m³/h	250x250	4.4 m/s		2172		0.99 Pa/m	2.1 Pa	2.7 Pa
	管件	1000.0 m³/h	-	4.4 m/s	11.9 Pa		0.044347		0.5 Pa	
4	管件	1000.0 m³/h	-	0.0 m/s	4.6 Pa		0.69375		3.2 Pa	3.2 Pa
5	风管	2000.0 m³/h	320x400	4.3 m/s		2944		0.61 Pa/m	1.8 Pa	1.8 Pa
	管件	2000.0 m³/h	-	4.3 m/s	11.3 Pa		0		0.0 Pa	
6	风管	4000.0 m³/h	500x500	4.4 m/s		2669		0.42 Pa/m	1.1 Pa	1.1 Pa
	管件	4000.0 m³/h	-	4.4 m/s	11.9 Pa		0		0.0 Pa	
7	风管	6000.0 m³/h	800x500	4.2 m/s		2219		0.29 Pa/m	0.6 Pa	0.6 Pa
	管件	6000.0 m³/h	-	4.2 m/s	10.4 Pa		0		0.0 Pa	

图 3-53　风管压力损失报告

3.7.3　风管水力计算算例

一、全空气一次回风系统空调风管水力计算

全空气一次回风系统三维透视图如图3-54所示。

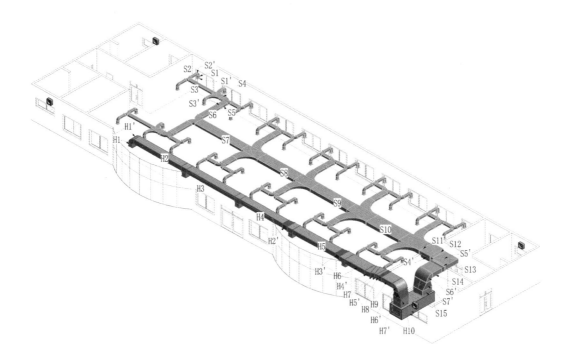

图 3-54　全空气一次回风系统三维透视图

对于空调风系统而言,最不利送风环路为空气处理机组至最远处风道末端,故送风系统最不利环路为 S1—S2—……—S14—S15,对于主管上的部分风管管件如弧形三通(Y型)、弧形四通等,根据《实用供热空调设计手册》(第二版)中叙述,由于该类管件自带变径,因此在主管风速流动方向上阻力损失非常小,可忽略不计。

现将风管水力计算结果汇总于表 3-36~表 3-39。

表 3-36　空调送风系统沿程阻力计算

节点编号	流量 (m³/h)	尺寸 (mm)	速度 (m/s)	长度 (mm)	比摩阻 (Pa/m)	沿程阻力 (Pa)
S1	436	200×200	3.03	287	0.653	0.19
S2	436	200×200	3.03	877	0.653	0.57
S3	872	320×200	3.79	3 187	0.754	2.40
…						
S13	19 190	1 600×500	6.66	176	0.537	0.09

续表

节点编号	流量 (m³/h)	尺寸 (mm)	速度 (m/s)	长度 (mm)	比摩阻 (Pa/m)	沿程阻力 (Pa)
S14	19 190	1 600×500	6.66	1 230.98	0.537	0.66
S15	19 190	1 250×1 250	3.41	633.67	0.085	0.05
合计	—	—	—	—	—	24.31

表 3-37　空调送风系统局部阻力计算

节点 编号	管路各节点名称	流量 (m³/h)	尺寸(mm)	速度 (m/s)	摩擦 系数	沿程阻力 (Pa)
S1′	方形散流器	436	200×200	3.03	1.28	7.05
S2′	矩形弯头-弧形-法兰	436	200×200-200×200	3.03	0.39	2.15
S3′	手动对开多叶调节阀	2 617	630×200	5.77	0.50	9.99
S4′	消声器		1 600×500-1 600×500	6.66	1.00	26.61
S5′	矩形弯头-法兰	19 190	1 600×500	6.66	0.39	10.38
S6′	矩形弯头-弧形-法兰	19 190	1 600×500	6.66	0.39	10.38
S7′	矩形变径管-角度-法兰	19 190	1 600×500	6.66	0.11	2.93
合计	—		—	—	—	69.49

送风系统管路总阻力 = 24.31 + 69.49 = 93.8(Pa)。

表 3-38　空调回风系统沿程阻力计算

节点编号	流量(m³/h)	尺寸(mm)	速度(m/s)	长度(mm)	比摩阻(Pa/m)	沿程阻力(Pa)
H1	2 862	800×500	1.99	197	0.075	0.01
H2	2 862	800×500	1.99	6 394	0.075	0.48
H3	5 724	800×500	3.97	6 469	0.266	1.72
...						...
H8	14 310	1 250×500	6.36	320.23	0.532	0.17
H9	14 310	1 250×500	6.36	1 467	0.532	0.78
H10	14 310	1 000×1 000	3.97	1 041	0.148	0.15
合计	—	—	—	—	—	11.54

表 3-39　空调回风系统局部阻力计算

节点编号	管路各节点名称	流量（m³/h）	尺寸（mm）	速度（m/s）	摩擦系数	沿程阻力（Pa）
H1′	矩形弯头-弧形-法兰	2 862	800×500 - 800×500	1.99	0.39	0.93
H2′	矩形变径	8 586	800×500 - 1 000×500	5.96	0.40	8.53
H3′	矩形变径	114 488	1 000×500 - 1 250×500	6.36	0.40	9.71
H4′	矩形弯头-弧形-法兰	14 310	1 250×500 - 1 250×500	6.36	0.39	9.47
H5′	矩形弯头-弧形-法兰	14 310	1 250×500 - 1 250×500	6.36	0.39	9.47
H6′	矩形弯头-弧形-法兰	14 310	1 250×500 - 1 250×500	6.36	0.39	9.47
H7′	矩形变径	14 310	1 250×500 - 1 000×1 000	6.36	0.40	9.71
合计	—	—	—	—	—	57.29

回风系统管路总阻力 = 11.54 + 57.29 = 68.83（Pa）。

二、风机盘管加新风系统新风风管水力计算

相关信息见图 3-55、表 3-40、表 3-41。

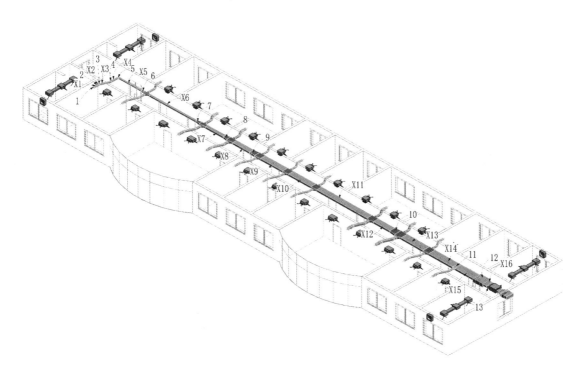

图 3-55　风机盘管加新风系统新风管路三维透视图

表 3-40　风机盘管加新风系统新风风管局部阻力计算

节点编号	管路各节点名称	流量(m³/h)	尺寸(mm)	速度(m/s)	摩擦系数	局部阻力(Pa)
1	侧送风口	90	120×120	1.74	2.04	3.71
2	手动对开多叶调节阀	90	120×120	1.74	0.50	0.91
3	矩形弯头-弧形-法兰	90	120×120	1.74	0.39	0.71
4	矩形弯头-弧形-法兰	90	120×120	1.74	0.39	0.71
5	矩形弯头-弧形-法兰	90	120×120	1.74	0.39	0.71
6	矩形变径	90	160×160 - 120×120	1.74	0.11	0.20
7	矩形变径	270	320×200 - 160×160	2.93	0.11	0.57
8	矩形变径	700	500×200 - 320×200	3.04	0.11	0.61
9	矩形变径	1 130	630×200 - 500×200	3.14	0.11	0.65
10	矩形变径	2 210	800×200 - 630×200	4.87	0.11	1.57
11	矩形 T 形三通-斜接	3 020	800×200 - 800×200 - 120×120	5.09	1.00	15.54
12	消声器	3 020	800×200 - 800×200	5.24	1.00	16.47
13	矩形变径管-角度-法兰	3 020	800×200 - 600×300	5.24	0.11	1.81
合计	—	—	—	—	—	44.17

表 3-41　风机盘管加新风系统新风风管沿程阻力计算

节点编号	流量(m³/h)	尺寸(mm)	速度(m/s)	长度(mm)	比摩阻(Pa/m)	沿程阻力(Pa)
X1	90	120×120	1.74	190.00	0.456	0.09
X2	90	120×120	1.74	190.15	0.456	0.09
X3	90	120×120	1.74	1 549.89	0.456	0.71
X4	90	120×120	1.74	784.07	0.456	0.36
X5	90	120×120	1.74	2 908.00	0.456	1.32
X6	270	160×160	2.93	5 948.00	0.812	4.83
X7	700	320×200	3.04	2 328.00	0.506	1.18
X8	1 130	500×200	3.14	2 148.00	0.446	0.96
X9	1 310	630×200	2.89	2 874.00	0.355	1.02
X10	1 490	630×200	3.28	2 874.00	0.448	1.29
X11	1 670	630×200	3.68	6 434.00	0.551	3.55

续表

节点编号	流量（m³/h）	尺寸（mm）	速度（m/s）	长度（mm）	比摩阻（Pa/m）	沿程阻力（Pa）
X12	2 210	630×200	4.87	2 088.00	0.918	1.92
X13	2 750	800×200	4.77	2 834.00	0.828	2.35
X14	2 930	800×200	5.09	3 024.00	0.930	2.81
X15	3 020	800×200	5.24	2 347.00	0.983	2.31
X16	3 020	800×200	5.24	417.58	0.983	0.41
合计	—	—	—	—	—	25.20

管路总阻力 $=25.20+44.17=69.37(\text{Pa})$。

§3.8　空调水系统创建

3.8.1　新建水系统项目

如果当前不处于机械样板所创建的项目中,则需要创建一个新的项目,在项目样板中选择机械样板(具体操作详见新建风系统中的步骤)。如果不使用对应的专业样板,会出现无法顺利建模等问题(如管道系统无管道管件),并且对应的视图内容可视性也会出问题。

3.8.2　管道系统

(1) 在项目浏览器中找到"族"节点,双击后找到"管道系统"节点(见图 3-56)。

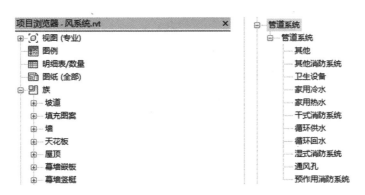

图 3-56　项目浏览器管道系统节点

(2) 由于 Revit 软件的管道系统族类型预设了"循环供水""循环回水""卫生设备"系统形式,因此用户自建的管道系统需要对系统族类型进行复制,将新建的系统命名,并设置好颜色和管道线的线宽以及线型(见图 3-57)。

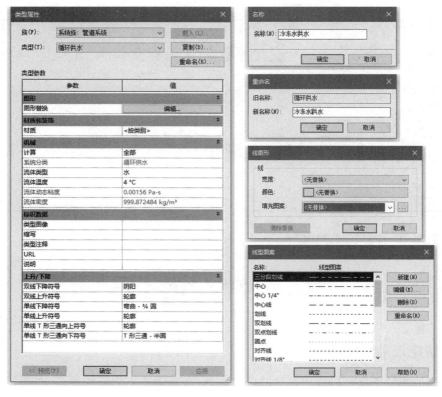

图 3-57 管道系统创建图

　　一般空调系统采用"循环供水""循环回水""卫生设备"3 种预制形式,分别复制成为冷冻水供水、冷冻水回水、冷凝水 3 种形式。

　　(3) 在绘制管道时,在属性栏中切换创建的管道系统(见图 3-58)。

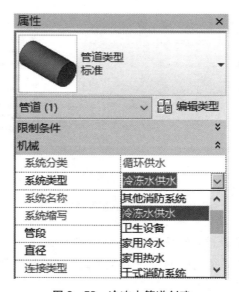

图 3-58 冷冻水管道创建

3.8.3 机械设备

"系统"选项卡 ➤ "机械"面板 ➤ 机械设备。

在属性栏中可以修改机械设备的标高以及相对于本层地面的高度(见图 3-59)。

图 3-59 机械设备基本属性参数

以风机盘管为例进行设置,点击"编辑类型"进入类型属性设置对话框进行设置。其中,正确设置冷冻水流量、冷却水流量以及冷凝水参数可以进行空调水系统水力计算,以及管道系统的管道规格自动匹配(见图 3-60)。

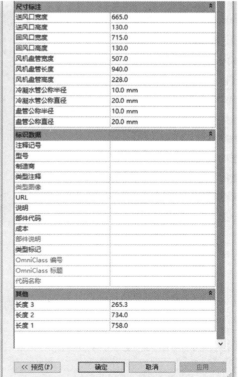

图 3-60 机械设备类型属性参数

一般建议在风机盘管族编辑中设置对应公式,建立额定冷量与冷冻水流量的对应关系,从而可以根据房间冷负荷等相关参数选择对应型号的风机盘管,确保冷量和冷负荷保持一致。

3.8.4　管道

"系统"选项卡 ➤ "卫浴和管道"面板 ➤ 管道。

在参数栏中可以修改管道的直径以及风管相对于本层地面的高度(见图 3-61)。

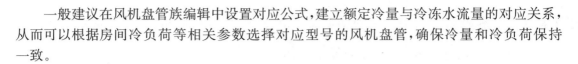

图 3-61　管道参数栏

在项目浏览器中找到"族"树形框下面的"管道"节点、"标准"子节点,右键弹出菜单后选择复制,将复制出来的管道进行重命名。

重命名新类型的管道后点击右键,弹出菜单后选择"类型属性"命令,进行管材、管件、连接方式等设置(见图 3-62)。

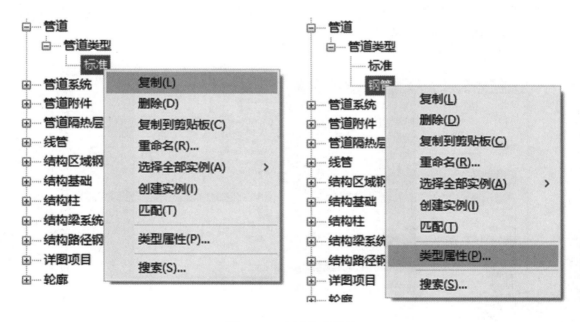

图 3-62　新增管道类型

在布管系统配置中可以定义管段尺寸的参数(见图 3-63)。

在属性栏中可以修改风管的对齐方式、参照标高以及系统类型,并且可以在流量参数栏里看到对应的流量、速度、比摩阻、雷诺数以及卫浴装置当量等相关参数(见图 3-64)。

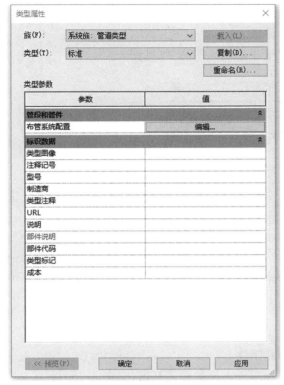
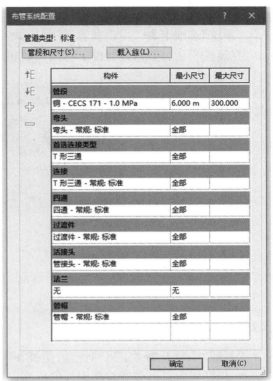

图 3‑63　管道布管系统配置

图 3‑64　管道属性参数

3.8.5 管件

"系统"选项卡 ➤ "卫浴和管道"面板 ➤ 管件。

在属性栏中可以修改管件的标高以及相对于本层地面的高度（见图 3-65）。

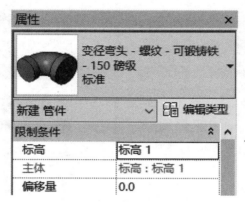

图 3-65 管件属性参数

3.8.6 管路附件

"系统"选项卡 ➤ "卫浴和管道"面板 ➤ 管路附件。

在属性栏中可以修改管路附件的标高以及相对于本层地面的高度（见图 3-66）。

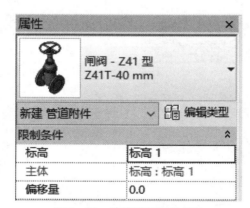

图 3-66 管路附件属性参数

§3.9 空调水系统 BIM 模型建立

3.9.1 管道布局

（1）圈选需要连接管道的机械设备。

（2）点击上面选项卡中"创建系统"中的"管道"命令（见图 3-67）。

图 3-67　创建管道系统

（3）修改系统名称，点击确定（见图 3-68）。

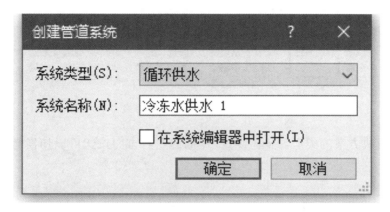

图 3-68　修改管道系统名称

（4）点击上面选项卡中"布局"中的"生成布局"命令（见图 3-69）。

图 3-69　创建管道布局

（5）进入布局中，点击"放置基准"，放置在主管道起始端（见图 3-70、图 3-71）。

图 3-70　管道布局放置基准

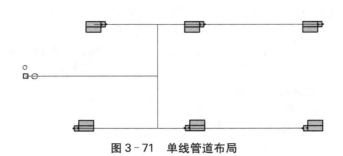

图 3-71 单线管道布局

（6）点击上面选项卡中"修改布局"中的"解决方案"命令（见图 3-72）。

图 3-72 管道系统解决方案

（7）选择解决方案的类型，点击"设置"左侧的左右方向按钮可以切换管道布局的类型（见图 3-73）。

图 3-73 管道系统解决方案类型

（8）点击上面选项卡中"修改布局"中的"编辑布局"命令（见图 3-74）。

图 3-74 编辑管道布局界面

（9）点击拖动单线管道，可以编辑管路（见图 3-75）。

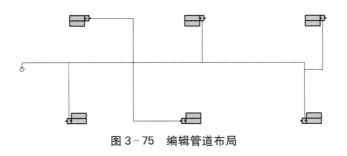

图 3-75 编辑管道布局

（10）点击上面选项卡中"修改布局"中的"修改基准"命令，可以对风管的起始端进行修改（见图 3-76）。

图 3-76 管道布局修改基准

（11）点击上面选项卡中"修改布局"中的"完成布局"命令，完成风管系统的初始布置（见图 3-77、图 3-78）。

图 3-77 编辑管道布局界面

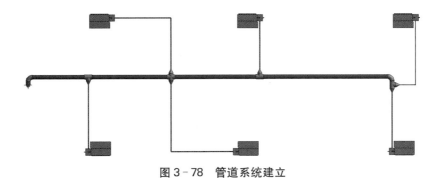

图 3-78 管道系统建立

3.9.2 手动布置

（1）选择要连接的单个机械设备，再点击需要连接到的管道（见图 3 - 79）。

图 3 - 79 连接单个设备

（2）由于机械设备经常会有多种连接接口，因此需要选择具体的接口进行连接（见图 3 - 80）。

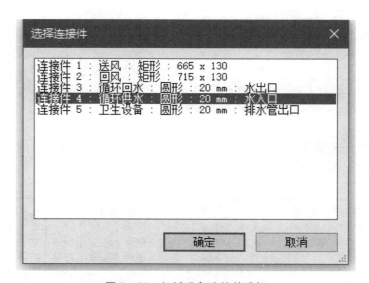

图 3 - 80 机械设备连接件选择

（3）最终修改过的管路管件方向如图 3 - 81 所示。

图 3 - 81 机械设备连接风管

§3.10　空调水系统计算

3.10.1　水系统的设计

空调水系统采用水作为介质,作用是为各种空气处理设备和空调终端设备提供制冷量或热量,在空调设计中尤为重要。正确合理地设计空调水系统是整个空调系统正常运行的重要保障,同时也能有效地节省电能消耗。水系统包括空调冷冻水系统、空调冷却水系统、冷凝水系统。

在空调水系统中,常用水管的管材有焊接钢管、无缝钢管、镀锌钢管及 PVC 塑料管几种。镀锌钢管与无缝钢管通常用于空调冷、热水及冷却水系统。

焊接钢管造价便宜,但其承压能力相对较低;无缝钢管价格略贵于焊接钢管,其承压能力较高;镀锌钢管的特点是不易生锈,但因其造价较贵,大量使用会使工程的初始投资增加,不符合经济合理性。

空调水系统主要形式见表 3-42。

表 3-42　空调水系统主要形式

空调水系统的形式	按介质是否与空气接触划分	开式系统
		闭式系统
	按系统并联环路中水的流程划分	同程系统
		异程系统
	按系统循环水路的特性划分	定流量系统
		变流量系统
	按冷热水管道的设置方式划分	双管制
		三管制
		四管制
	按系统中循环水泵设置情况划分	单级泵系统
		双级泵系统

在进行空调水系统设计时,还应遵守以下原则:

(1) 具有足够的输送能力,能满足空调系统各个冷、热负荷不同的要求;

(2) 水输送系数要符合规范要求,处理好水系统水质过滤问题;

(3) 防止大流量小温差管路出现;

(4) 管路考虑必要的坡度,处理好水系统的膨胀与排气;

(5) 尽可能保持管路水力平衡,可用流量平衡阀等辅助调节;

(6) 注意管网的保冷与保暖效果;

(7) 投资省、运行经济,便于维修管理。

3.10.2　水系统水力计算方法

空调水系统水力计算的主要目的是使管网中流体介质根据流量需求进行分配,确定各段管网的管径和阻力,以获得管网的特性曲线,进而确定水泵等动力设备的型号和动力消耗。下面的水力计算方法采用控制比摩阻法,冷冻水供回水温度为 7℃/12℃。水管当量绝对粗糙度 $K=0.2$,控制水管比摩阻为 $100\sim400\,\mathrm{Pa/m}$。管段流速是一个极为重要的参数,若管段流速过小,虽然系统阻力也会变小,但会影响整个水系统的正常运行,而流速过大则会缩短管材使用寿命。故在控制比摩阻的同时还应该考虑管道流速。管道流速可参见表 3-43。

表 3-43　冷冻水管流速推荐表

管径(mm)	<32	32~70	70~100	125~250	250~400	>400
冷冻水流速(m/s)	0.5~0.8	0.6~0.9	0.8~1.2	1.0~1.5	1.4~2.0	1.8~2.5

水力计算基本公式及方法如下。

1. 计算各管段流量

$$G=\frac{3\,600Q}{c\rho\Delta t}$$

式中:G——流量,kg/h;

c——水的比热,取 $4.2\,\mathrm{kJ/(kg\cdot℃)}$;

ρ——水的密度,取 $1\,000\,\mathrm{kg/m^3}$;

Q——管段的冷负荷,W;

Δt——供水回水的温差,℃。

2. 确定各管段管径

根据假定的流速和确定的流量计算出管径,计算式如下:

$$d=\sqrt{\frac{G}{900\pi\rho v}}$$

根据给定的管径规格选定管径,由确定的管径,计算出管内的实际流速:

$$v=\frac{G}{900\pi d^2\rho}$$

3. 确定管段沿程阻力

通过计算比摩阻从而得到管段的沿程阻力,沿程阻力 ΔP_m 也称摩擦阻力,可按下式计算:

$$\Delta P_\mathrm{m}=\lambda\frac{l}{d}\cdot\frac{v^2}{2}\rho=R\cdot l$$

式中:ΔP_m——沿程阻力,Pa;

λ——摩擦阻力系数;

l ——管道长度，m；

v ——管道流速，m/s；

d ——管道直径，m；

ρ ——水的密度，kg/m^3；

R ——每米管长的沿程损失（比摩阻），Pa/m。

4. 确定比摩阻

比摩阻 R 的计算公式如下：

$$R = \frac{\lambda}{d} \cdot \frac{\rho v^2}{2}$$

摩擦阻力系数 λ 由柯列勃洛克公式确定：

$$\frac{1}{\sqrt{\lambda}} = -2\ln\left(\frac{2.5}{Re\sqrt{\lambda}} + \frac{K}{3.71d}\right)$$

式中：K ——管内表面的当量绝对粗糙度，取 $K = 0.2$ mm；

Re——雷诺数。

雷诺数 Re 的计算公式如下：

$$Re = \frac{v \cdot d}{\upsilon}$$

式中：υ ——运动黏度，m^2/s。

5. 计算局部阻力

管中介质在流动时，会遇到各种管道配件（如弯头、三通、阀门等），由于摩擦和涡流而导致部分能量损失，该能量损失称为局部压力损失，也称为局部阻力。局部阻力可按下式计算而得：

$$\Delta P_{\mathrm{j}} = \sum \xi \cdot \frac{v^2}{2}\rho$$

式中：ΔP_{j} ——局部阻力，Pa；

$\sum \xi$——管道配件总的局部阻力系数。

6. 管段总阻力

管段总阻力由沿程阻力和局部阻力两部分构成，可由下式计算：

$$\Delta P = \Delta P_{\mathrm{m}} + \Delta P_{\mathrm{j}}$$

7. 水力计算步骤

（1）确定系统管道形式，合理布置管道，绘制管道系统轴测图、计算草图等；

（2）对管段编号；

（3）确定系统最不利环路；

（4）根据各个管段的水量和选择流速，确定管段的直径；

（5）计算系统管道的沿程阻力、局部阻力和总阻力。

8. Revit 管道水力计算方法

（1）鼠标靠近管道后，敲击键盘"Tab"键，敲击一次可以选择与管道相连接的管件，敲击两次"Tab"键，并点击鼠标左键，可以实现选择包含该管段的完整的管道系统。

（2）点击选项卡"分析"中的"系统检查器"命令，检查一下系统的流动状态是否正确（见图 3 - 82、图 3 - 83）。

图 3 - 82　管道系统检查器

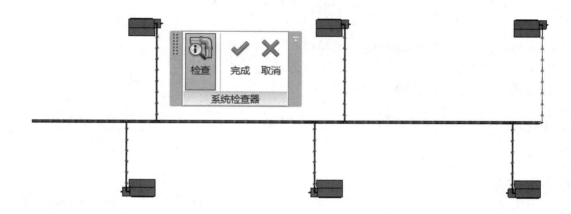

图 3 - 83　管道系统流向

（3）点击选项卡"分析"中的"调整风管/管道大小"命令，可以设置规则，进行风管尺寸规格的调整（见图 3 - 84）。

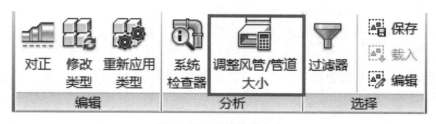

图 3 - 84　调整管道大小

（4）在调整管道大小对话框中可以设置调整大小的依据，管道规格一般采用与摩擦阻力相对应的方式（见图 3 - 85）。

限制条件包含 3 种：

第一种"仅计算大小"指的是生成管道的尺寸仅以计算结果为依据。

第二种"匹配连接件大小"指的是生成管道的尺寸以连接件（一般是与风管连接的风口

图 3-85 调整管道大小对话框

等设备)的尺寸规格为依据,但此种方法不影响主管道计算结果,仅影响与机械设备的连接件直接相连的分支管尺寸,避免因连接件与计算的管道尺寸不一致而产生的缩变径等连接件的问题。

第三种"连接件与计算值之间的较大者"指的是直接与连接件相连的管道尺寸选取计算值与连接件尺寸两者间的较大者。此种方式当计算值小于连接件尺寸时,选择连接件的尺寸规格;当计算值大于连接件尺寸时,选择计算值的尺寸规格,从而避免因连接件尺寸规格较小导致最终与其连接的管道尺寸较小而产生的管路阻力过大的问题。

详见图 3-86。

图 3-86 管道系统自适应连接件

"限制大小"设置规定了生成的管道的最大管径,一般工程由于液态流体的密度较大,管道尺寸并不大,因此不进行此项参数的调整。

(5)点击"分析"菜单栏中的"管道压力损失报告"选项卡,可以设置规则,进行管道管径规格的调整(见图 3-87)。

图 3-87 管道压力损失报告

选择需要输出报告的管道系统进行输出设定(见图 3-88)。

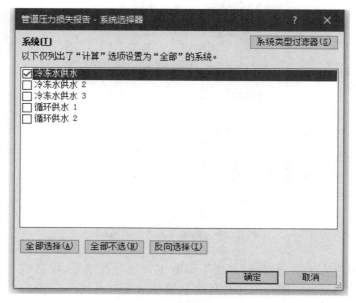

图 3-88　创建管道系统输出报告

选择需要的参数添加到报告字段中,并且根据需求调整已选择参数的顺序(见图 3-89)。

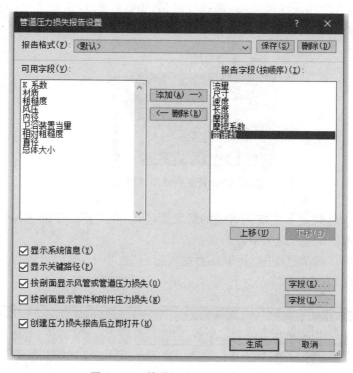

图 3-89　管道压力损失报告设置

最终生成 .html 格式的计算书。管道压力损失报告见图 3-90。

冷冻水供水

系统信息	
系统分类	循环供水
系统类型	循环供水
系统名称	冷冻水供水
缩写	
流体类型	水
流体温度	4 ℃
流体动态粘度	0.00156 Pa·s
流体密度	999.8725 kg/m³

剖面	图元	流量	尺寸	速度	长度	摩擦	摩擦系数	雷诺数	总压力损失	剖面压力损失
1	管道	0.2 L/s	20 mm	0.6 m/s	3126	160.60 Pa/m	0.016662	8060.254288	502.0 Pa	
	管件	0.2 L/s		0.6 m/s					288.6 Pa	790.5 Pa
	设备	0.2 L/s							0.0 Pa	
2	管件	0.2 L/s		0.0 m/s					0.1 Pa	0.1 Pa
3	管道	1.2 L/s	150 mm	0.1 m/s	1947	0.14 Pa/m	0.011041	6302.598837	0.3 Pa	1.2 Pa
	管件	1.2 L/s							0.9 Pa	
4	管道	0.2 L/s	20 mm	0.6 m/s	5511	160.60 Pa/m	0.016662	8060.254288	885.2 Pa	1318.0 Pa
	管件	0.2 L/s		0.6 m/s					432.9 Pa	
	设备	0.2 L/s							0.0 Pa	
5	管件	0.2 L/s		0.0 m/s					0.0 Pa	0.0 Pa
6	管道	1.0 L/s	150 mm	0.1 m/s	2790	0.14 Pa/m	0.011041	5252.165697	0.3 Pa	0.7 Pa
	管件	1.0 L/s		0.1 m/s					0.4 Pa	

图 3-90　管道压力损失报告

3.10.3　水系统水力计算算例

一、水系统水平管道水力计算

现以风机盘管加新风系统空调水系统为例,进行水系统水力计算。

若楼层内风机盘管设备都是同一型号的,对于异程式环路,计算最不利环路往往是选取离供水端最远的一台设备来计算水系统压力损失,但对于同程式系统来说,本身并不存在最不利环路的说法。若房间功能不同,对温湿度的要求不同,选取风机盘管型号并不都一样,机组内部水压降也有很大差别,故可选取离供水端最远、内部水压降最大的设备作最不利环路计算(编号如图 3-91 所示)。故此水系统的最不利环路为 G1—G2—…—G32—G33。

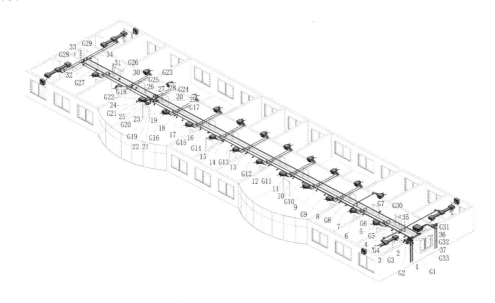

图 3-91　风机盘管加新风系统空调水系统图

空调水系统水力计算结果见表 3 – 44、表 3 – 45。

表 3 – 44　空调水系统沿程阻力计算表

节点编号	流量 (L/s)	尺寸 (mm)	速度 (m/s)	长度 (mm)	比摩阻 (Pa/m)	沿程阻力 (Pa)
G1	2.692	70	0.61	200.0	43.29	8.66
G2	2.692	70	0.61	237.5	43.29	10.28
G3	2.692	70	0.61	710.2	43.29	30.75
G4	2.692	70	0.61	1 290.7	43.29	55.88
G5	2.516	70	0.57	1 866.2	37.82	70.58
G6	2.428	70	0.55	3 446.2	35.22	121.37
G7	2.340	70	0.53	1 571.2	32.71	51.40
G8	2.252	70	0.51	1 721.2	30.30	52.15
G9	2.038	70	0.46	3 446.2	24.81	85.51
G10	1.824	70	0.41	3 446.2	19.88	68.50
G11	1.610	50	0.96	3 346.7	195.78	655.20
G12	1.434	50	0.86	3 472.0	155.31	539.24
...						
G26	2.428	70	0.55	3 446.2	35.21	121.35
G27	2.516	70	0.57	3 591.2	37.81	135.79
G28	2.692	70	0.61	20.7	43.29	0.90
G29	2.692	70	0.61	660.2	43.29	28.58
G30	2.692	70	0.61	50 760.2	43.29	2 197.21
G31	2.692	70	0.61	1 610.2	43.29	69.70
G32	2.692	70	0.61	57.5	43.29	2.49
G33	2.692	70	0.61	185.0	43.29	8.01
合计	—	—	—	—	—	6 917.97

表 3 – 45　空调水系统局部阻力计算表

节点编号	管路各节点名称	尺寸 (mm)	速度 (m/s)	摩擦 系数	局部阻力 (Pa)
1	闸阀-Z41 型	70 – 70	0.61	0.4	74.40
2	弯头-常规	70 – 70	0.61	1.0	186.00
3	弯头-常规	70 – 70	0.61	1.0	186.00

续表

节点编号	管路各节点名称	尺寸 (mm)	速度 (m/s)	摩擦 系数	局部阻力 (Pa)
4	T 形三通-变径	70 - 70 - 20	0.61	0.1	18.60
5	T 形三通-变径	70 - 70 - 20	0.57	0.1	16.24
6	T 形三通-变径	70 - 70 - 20	0.55	0.1	15.12
7	T 形三通-变径	70 - 70 - 20	0.53	0.1	14.04
8	T 形三通-变径	70 - 70 - 25	0.51	0.1	13.00
9	T 形三通-变径	70 - 70 - 25	0.46	0.1	10.58
10	T 形三通-变径	70 - 70 - 25	0.41	0.1	8.40
11	过渡件-常规	70 - 50	0.41	0.1	8.40
12	T 形三通-变径	50 - 50 - 20	0.96	0.1	46.07
...					
23	弯头-常规	20 - 20	0.39	2.0	152.06
24	风机盘管-侧吹 FP - 5w	水流量:0.126 L/s	0.39	—	14 000.00
25	弯头-常规	20 - 20	0.39	2.0	152.06
26	截止阀-J41 型	20 - 20	0.39	0.5	38.01
27	过渡件-常规	25 - 20	0.39	0.3	22.81
28	T 形三通-变径	25 - 25 - 25	0.39	0.1	7.60
29	T 形三通-变径	70 - 70 - 25	0.39	0.1	7.60
30	T 形三通-变径	70 - 70 - 20	0.51	0.1	13.00
31	T 形三通-变径	70 - 70 - 20	0.55	0.1	15.12
32	T 形三通-变径	70 - 70 - 20	0.57	0.1	16.24
33	弯头-常规	70 - 70	0.61	1.0	186.00
34	弯头-常规	70 - 70	0.61	1.0	186.00
35	弯头-常规	70 - 70	0.61	1.0	186.00
36	弯头-常规	70 - 70	0.61	1.0	186.00
37	闸阀-Z41 型	70 - 70	0.61	0.4	74.40
合计	—	—	—	—	16 102.94

综上所述,管路总阻力 = 6 917.97 + 16 102.94 = 23 020.91(Pa)。

二、新风机组供、回水立管管路水力计算

新风机组供、回水立管管路系统图如图 3 - 92 所示。

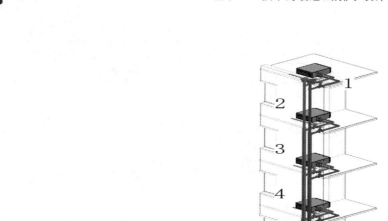

图 3-92　新风机组供、回水立管管路系统图

新风机组供、回水立管管路水力计算结果汇总于表 3-46。

表 3-46　新风机组供、回水立管管路水力计算

管段号	热负荷(W)	流量(kg/h)	长度(m)	管径(mm)	流速(m/s)	比摩阻(Pa/m)	沿程阻力(Pa)	$\sum \xi$	ΔP_d(Pa)	局部阻力(Pa)	压力损失(Pa)
1	50 500	8 686.0	2.0	70	0.7	96.7	193.3	0.5	227.4	113.7	307.0
2	50 500	8 686.0	3.4	70	0.7	96.7	328.6	1.5	227.4	341.1	669.7
3	86 700	14 912.4	3.4	80	0.8	114.7	389.9	0.1	340.5	34.1	423.9
4	122 900	21 138.8	3.4	80	1.2	225.1	765.4	0.1	683.2	68.3	833.8
5	159 100	27 365.2	13.8	100	0.9	87.3	1 204.5	0.9	371.7	345.7	1 550.2

由表 3-46 可知新风机组供、回水立管管路水压力损失值为

$$(307.0 + 669.7 + 423.9 + 833.8 + 1 550.2) \times 2 = 7 569.2(\text{Pa})$$

管道 1 的局部阻力件有：闸阀×1。

管道 2 的局部阻力件有：旁流三通(序号 3)×1。

管道 3 的局部阻力件有：旁流三通(序号 4)×1。

管道 4 的局部阻力件有:旁流三通(序号 4)×1。

管道 5 的局部阻力件有:闸阀×1,焊接弯头(90°)×1,旁流三通×1。

三、冷凝水系统

空调夏季工况运行时,在风机盘管机组、新风机组、组合式空调机组等设备运行过程中都会产生一定的冷凝水,必须及时排走,以保证系统安全有效地运行。排放冷凝水管道的设计,一般采用开式、非满流自流系统,排到空调区域中心卫生间的地漏中,这样排水管道较短,不易漏水。冷凝水管道设计应注意以下事项:

(1)冷凝管水平干管不宜过长,其坡度不应小于 0.003,且不允许有积水部位。

(2)当空调设备的冷凝水盘位于机组内的正压段或负压段时,冷凝水盘的出水口处均应设置水封。水封出口应与大气相通,水封高度应大于冷凝水盘处正压或负压的绝对值。

(3)冷凝水管排入污水系统时,应有空气隔断措施。冷凝水管不得与室内雨水系统直接连接。

(4)冷凝水管道宜采用塑料管或热镀锌钢管;当凝结水管表面可能产生二次冷凝水且有可能对使用房间造成影响时,凝结水管道应采取防结露措施。

(5)冷凝水的水平干管末端应设便于定期冲洗的清扫口,立管顶部宜设通气管。

(6)冷凝水管的管径应根据冷凝水流量和管道坡度,按非满流管道水力计算确定。根据《实用供热空调设计手册》第二版 26.5.5 条所述,冷凝水管径可按照表 3 - 47 选取。

表 3 - 47　冷凝水管径估算表

冷负荷(kW)	<7	7.1~17.6	17.7~100	101~176	177~598
DN(mm)	20	25	32	40	50

第 4 章

制冷机房设计

§4.1 设备布置原则

(1) 设备布置应符合管道布置方便、整齐、经济、便于安装维修等原则;

(2) 机房主要通道的净宽度不应小于 1.5 m;

(3) 机组与墙之间的净距不应小于 1.0 m,与配电柜的距离不应小于 1.5 m;

(4) 机组与机组或其他设备之间的净距不应小于 1.2 m;

(5) 机组与其上方管道、烟道、电缆桥架等的净距不应小于 1.0 m。

§4.2 设备选型依据

4.2.1 冷水机组选型依据

制冷机组的选择应根据建筑物的冷负荷、使用性质等情况进行综合分析。主要考虑以下 3 点:

(1) 需要的冷冻水温度范围,供、回水温差、压力等参数;

(2) 总制冷量与单机制冷量能适合在全年需要负荷情况下安全、经济运行;

(3) 冷却水源的水量、水质、水温及冷却设备的可行性。

4.2.2 冷凝器选型依据

对于集中式空调系统,一般采用整体制冷机组(或冷水机组),因此首先应确定冷凝器的总冷负荷。对于电制冷机组,冷凝器的总冷负荷等于制冷机组总制冷量与压缩机总耗功率之和。

4.2.3 循环水泵选型依据

水泵是空调及采暖系统的主要设备之一。水泵的选择原则及注意事项:首先要满足最高运行工况的流量和扬程,并使水泵的工作状态点处于高效率范围;泵的流量和扬程应有

10%~20%的富裕量；当流量较大时,宜考虑多台并联运行,并联台数不宜超过 3 台,并应尽可能选择同型号水泵；供暖和空调系统中的循环水泵,宜配备一台备用水泵；选泵时必须考虑系统静压对泵体的影响,注意水泵壳体和填料的承压能力以及轴向推力对密封环和轴封的影响,在选用水泵时应注明所承受的静压值,必要时由制造厂家做特殊处理。

水泵形式的选择与水管系统的特点、安装条件、运行调节要求和经济性等有关。选择水泵所依据的流量 G 和扬程 H 如下确定:

水泵扬程计算公式为

$$H = \alpha \times H_{\max}$$

式中: $H_{\max}$ ——管网最不利环路总阻力计算值,kPa;

α ——放大系数,一般取 1.1~1.2。

水泵流量计算公式为

$$G = \alpha \times G_{\max}$$

式中: $G_{\max}$ ——设计最大流量;

α ——放大系数,水泵单台工作时取 1.1,多台并联工作时取 1.2。

4.2.4　水处理设备选型

冷冻水处理的目的是防止结垢,并对冷冻水进行软化处理,同时补充系统运行时所丢失的冷冻水量。空调水系统的单位水容量按表 4-1 取值。

表 4-1　空调水系统单位水容量

空调方式	全空气系统	水-空气系统
单位水容量(L/m³)	0.40~0.55	0.70~1.30

一、补水泵的选择

补水点宜设在循环水泵的吸入段,补水泵流量宜为系统水容量的 5%~10%,扬程应保证补水压力比系统静止时补水点的压力高 30~50 kPa,而系统补水点压力应比空调水系统最高点压力大 5 kPa,并且补水泵应设置备用泵。

二、气压罐的选择

定压设备用来收贮膨胀水量,同时解决定压和补水问题,有高位膨胀水箱和气压罐两种形式,本设计定压方式选取气压罐定压补水。

(1) 气压罐的总容积应按下式确定:

$$V = \frac{\beta \times V_t}{1 - \alpha}$$

式中: V ——气压罐实际总容积,m³/h;

V_t ——调节水量(L),为补水泵 3 min 的流量;

β ——容积附加系数,隔膜式气压罐取 1.05;

α ——压力比,宜取 0.65~0.75。

（2）工作压力。

① 补水泵启动压力 P_1，应满足定压点最低压力要求，并增加 10 kPa 的裕量。

② 补水泵停止压力 P_2，$P_2 = (P_1 + 100) \div \alpha - 100$，取值应保证系统设备不超压。

三、冷却水系统水处理设备

冷却水处理的目的是防垢、阻垢、消毒、杀菌、防藻类，安装在冷却水回水管。

4.2.5 分、集水器选型

集水器和分水器是为了便于连接通向各个环路的许多并联管道而设置的，分水器用于供水管路上，集水器用于回水管路上，在一定程度上也起到均压作用。集水器和分水器的直径，可按并联接管的总流量通过集水器和分水器时的断面流速 0.5~1.5 m/s 来选择，并应大于最大接管开口直径的 2 倍。集水器和分水器都用无缝钢管制作，选用的管壁和封头板的厚度以及焊接作法应按耐压要求确定。集水器和分水器应设温度计、压力表，底部应有排污管接口，一般选用 DN50，两者之间应设均压管，配管间距应考虑两阀门手轮之间便于操作。

假定分、集水器的断面流速为 $v = 1$ m/s，根据冷冻水流量 G 可以确定断面尺寸：

$$d_j = \sqrt{\frac{4G}{\pi v}} = \sqrt{\frac{4 \times G}{3\,600 \times \pi \times v}} \times 1\,000$$

$$= \sqrt{\frac{4 \times 66.37}{3\,600 \times \pi \times 1}} \times 1\,000 \approx 153\,(\text{mm})$$

分、集水器的长度按下式计算：

$$L = 130 + L_1 + L_2 + L_3 + \cdots + L_i + 120 + 2h$$

式中，L_1，L_2，L_3，$\cdots$，L_i 为接管中心距，单位 mm，按表 4-2 确定。

表 4-2 接管中心距(mm)

L_1	L_2	L_3	$\cdots$	L_i
$d_1 + 120$	$d_1 + d_2 + 120$	$d_2 + d_3 + 120$	$\cdots$	$d_i + 120$

分、集水器接管示意图见图 4-1。

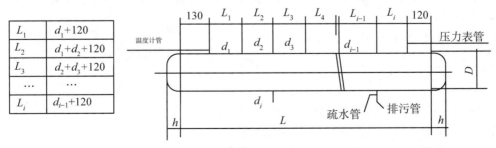

图 4-1 分、集水器接管示意图

分、集水器筒体规格见表 4-3。

表 4-3　分、集水器筒体规格(mm)

筒体直径 D	159	219	273	325	377	426	500	600	700	800	900	1 000
封头高度 h	65	80	93	106	119	132	150	175	200	225	250	275
排污管规格 dp	50							100				

4.2.6　水-水板式换热器选型

确定建筑物总的热负荷,根据空调系统热水供回水温度 60/50℃、市政一次管网热水供回水温度 80/60℃,经计算确定水-水板式换热器的型号及片数。注意:如果选择两台板式换热器,则一般每台分担总热负荷的 70%。

§4.3　制冷机房设计过程

制冷机房原理图如图 4-2 所示。

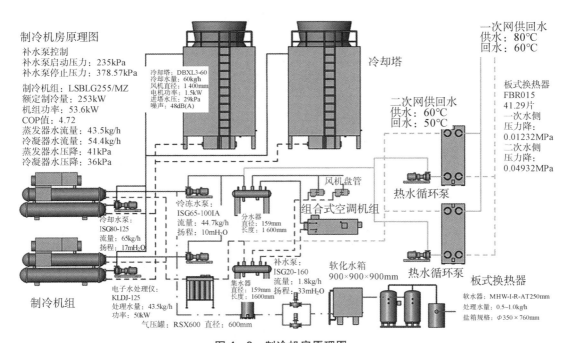

图 4-2　制冷机房原理图

冷冻水循环流程见图 4-3。

热水循环流程见图 4-4。

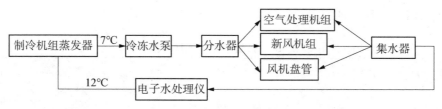

图 4-3　冷冻水循环流程图

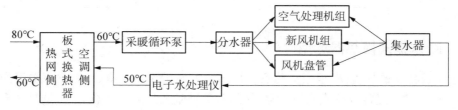

图 4-4　热水循环流程图

冷却水循环流程见图 4-5。

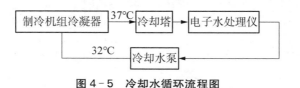

图 4-5　冷却水循环流程图

制冷剂循环流程见图 4-6。

图 4-6　制冷剂循环流程图

补水流程见图 4-7。

图 4-7　补水流程图

§4.4　制冷机房设计算例

4.4.1　冷水机组的选型

根据建筑物的总冷负荷 300 kW 以及使用特点,本设计采用电冷水机组 2 台。本工程冷

水机组的总装机容量以冷负荷计算结果为依据,不再附加选型系数。冷水机组的选择计算如下:

总冷负荷为 300 kW,选取螺杆式制冷机组的型号为 LSBLG170/M,机组的性能参数详见表 4 - 4。

表 4 - 4　LSBLG170/M 冷水机组的性能参数

项目	数值	项目	数值
制冷量(kW)	167	输入功率(kW)	35
性能系数 COP	4.77	机组外形尺寸(mm)	2 750×650×1 860
蒸发器水流量(m³/h)	28.7	冷凝器水流量(m³/h)	35.9
蒸发器水压降(kPa)	29	冷凝器水压降(kPa)	22
蒸发器接管尺寸(mm)	80	冷凝器接管尺寸(mm)	80

4.4.2　冷却塔的选择

根据上述冷水机组的性能参数,冷凝器需处理的总冷量为

$$Q_c = (167 + 35) \times 2 = 404 (\text{kW})$$

冷凝器的冷负荷确定以后,根据冷却水的温差以及所选冷却塔台数即可计算出单台冷却塔冷却水的流量。

单台冷却塔所需水量计算:

$$G_c = \frac{Q_c \times 3.6}{C_p \Delta T_w \times n} = \frac{404 \times 3.6}{4.2 \times 5 \times 2} \approx 34.63 (\text{m}^3/\text{h})$$

式中:G_c——冷却水量,m³/h;

C_p——水的定压比热,kJ/(kg·℃);

ΔT_w——设计工况下冷却塔进出口水温,℃;

n——冷却塔台数。

选取的冷却塔型号及性能参数见表 4 - 5。

表 4 - 5　CDBNL3 - 40 型冷却塔的性能参数

规格	额定水量(m³/h)	外型尺寸(mm)	电机功率(kW)
CDBNL3 - 40	40	2 400×2 400×2 400	1.1
进塔水压(kPa)	噪声 dB(A)	风机直径(mm)	运行重量(kg)
26	45	1 200	1.26

4.4.3　循环水泵的选择

一、冷冻水泵的选择计算

（1）制冷机组蒸发器水阻力：29 kPa；

（2）最不利末端设备阻力：20 kPa；

（3）制冷系统水管路沿程阻力和局部阻力损失：30 kPa。

系统最不利环路的阻力损失为 79 kPa，因此冷冻水泵的扬程：

$$H_{LD} = 1.2 \times H_{max} = 1.2 \times 79 \div 10 = 9.48 (mH_2O)$$

循环总水量：

$$G'_{LD} = \frac{3.6 \times Q}{C_p \times \Delta T_n} = \frac{3.6 \times 300}{4.2 \times 5} \approx 51.43 (m^3/h)$$

本设计选取 2 台冷冻水泵，则单台冷冻水泵所需水量：

$$G_{LD} = 1.2 \times \frac{G'_{LD}}{n} = 1.2 \times \frac{51.43}{2} \approx 30.86 (m^3/h)$$

式中：n——冷冻水泵台数。

冷冻水管段计算直径：

$$D_j = \sqrt{\frac{4G}{\pi v}} = \sqrt{\frac{4 \times G}{3\,600 \times \pi \times v}} \times 1\,000$$

$$= \sqrt{\frac{4 \times 30.86}{3\,600 \times \pi \times 2.5}} \times 1\,000 \approx 66.07 (mm)$$

因此，冷冻水管段直径应为 DN70 mm。

所选水泵型号为 ISG65－125IA，其性能系数见表 4－6。

表 4－6　ISG65－125IA 冷冻水泵的性能参数

机组型号	流量（m³/h）	扬程（m）	电机功率（kW）	转速（r/min）	效率（%）
ISG65－125IA	58	13.6	4	2 900	69

二、冷却水泵的选择计算

（1）制冷机组冷凝器水阻力：22 kPa；

（2）冷却塔喷头喷水压力：30 kPa；

（3）冷却塔接水盘到喷嘴的高差：1.2 mH₂O；

（4）冷却塔内进水管总阻力：26 kPa；

（5）制冷系统水管路沿程阻力和局部阻力损失：20 kPa。

系统最不利环路的阻力损失为 110 kPa，因此冷却水泵的扬程：

$$H_{LQ} = 1.2 \times H_{max} = 1.2 \times 110 \div 10 = 13.2 (mH_2O)$$

循环总水量：

$$G'_{LQ}=\frac{3.6\times Q_{LQ}}{C_p\times\Delta T_w}=\frac{3.6\times 404}{4.2\times 5}\approx 69.26(\text{m}^3/\text{h})$$

本设计选取 2 台冷却水泵,则单台冷却水泵所需水量:

$$G_{LQ}=1.2\times\frac{G'_{LQ}}{n}=1.2\times\frac{69.26}{2}\approx 41.56(\text{m}^3/\text{h})$$

式中:n——冷却水泵台数。

冷却水管段计算直径:

$$D_j=\sqrt{\frac{4G}{\pi v}}=\sqrt{\frac{4\times G}{3\,600\times\pi\times v}}\times 1\,000$$

$$=\sqrt{\frac{4\times 41.56}{3\,600\times\pi\times 2.5}}\times 1\,000\approx 76.68(\text{mm})$$

因此,冷却水管段直径应为 DN80 mm。

所选水泵型号为 ISG80 - 100I,其性能系数见表 4 - 7。

表 4 - 7　ISG80 - 100I 冷却水泵的性能参数

机组型号	流量(m³/h)	扬程(m)	电机功率(kW)	转速(r/min)	效率(%)
ISG80 - 100I	70	13.6	5.5	2 900	66

三、采暖循环泵的选择计算

(1) 板式换热器水阻力:49.32 kPa;

(2) 最不利末端设备阻力:20 kPa;

(3) 采暖水管路沿程阻力和局部阻力损失:30 kPa。

系统最不利环路的阻力损失为 79 kPa,因此采暖循环泵所需扬程:

$$H_{LD}=1.2\times H_{max}=1.2\times 79\div 10=9.48(\text{mH}_2\text{O})$$

循环总水量:

$$G'_{LD}=\frac{3.6\times Q}{C_p\times\Delta T_n}=\frac{3.6\times 300}{4.2\times 10}\approx 25.71(\text{m}^3/\text{h})$$

本设计选取 2 台采暖循环泵,则单台采暖循环泵所需水量:

$$G_{LD}=1.2\times\frac{G'_{LD}}{n}=1.2\times\frac{25.71}{2}=15.43(\text{m}^3/\text{h})$$

式中:n——采暖循环泵台数。

采暖水管段计算直径:

$$D_j=\sqrt{\frac{4G}{\pi v}}=\sqrt{\frac{4\times G}{3\,600\times\pi\times v}}\times 1\,000$$

$$=\sqrt{\frac{4\times 15.43}{3\,600\times\pi\times 2.5}}\times 1\,000\approx 46.72(\text{mm})$$

因此,采暖水管段直径应为 DN50 mm。

所选水泵型号为 ISG50-100I,其性能系数见表4-8。

表4-8　ISG50-100I 冷冻水泵的性能参数

机组型号	流量(m³/h)	扬程(m)	电机功率(kW)	转速(r/min)	效率(%)
ISG50-100I	17.5	13.7	1.5	2 900	67

四、水泵的配管布置

进行水泵的配管布置时,应注意以下几点:

(1)安装软性接管。在连接水泵的吸入管和压出管上安装软性接管,有利于降低和减弱水泵的噪声和振动的传递。

(2)出口装止回阀。目的是防止突然断电时水逆流而使水泵受损。

(3)水泵的吸入管和压出管上应设置闸阀。

(4)水泵的出水管上应装有温度计和压力表,以利检测。如果水泵从低位水箱吸水,吸水管上还应该安装真空表。

(5)水泵基础高出地面的高度应小于0.1 m,地面应设排水沟。

4.4.4　水处理设备的选择

本设计全空气部分按 $0.5\,\mathrm{L/m^2}$ 进行估算,水-空气部分按 $1.2\,\mathrm{L/m^2}$ 进行估算,所以空调系统总的水容量计算如下:

$$800 \times 0.5 + 3\,200 \times 1.2 = 4\,240(\mathrm{L}) = 4.24(\mathrm{m^3})$$

一、补水泵的选择

补水点宜设在循环水泵的吸入段,补水泵流量宜为系统水容量的 $5\% \sim 10\%$,扬程应保证补水压力比系统静止时补水点的压力高 $30 \sim 50\,\mathrm{kPa}$,而系统补水点压力应比空调水系统最高点压力大 $5\,\mathrm{kPa}$,并且补水泵应设置备用泵。

系统最高点至冷冻水泵出水管垂直高度为 20 m,因此补水泵的扬程为

$$H_{\mathrm{bs}} = 20 + 5 + 0.5 = 25.5(\mathrm{mH_2O})$$

补水泵的流量:

$$G_{\mathrm{bs}} = 4.24 \times 10\% = 0.424(\mathrm{m^3/h})$$

所选补水泵型号为 ISG20-160,选用2台,一用一备,性能参数见表4-9。

表4-9　ISG20-160 补水泵型号及性能参数

机组型号	流量(m³/h)	扬程(m)	电机功率(kW)	转速(r/min)	效率(%)
ISG20-160	1.8	33	0.75	2 900	19

二、气压罐的选择

（1）气压罐的总容积应按下式确定：

$$V = \frac{\beta \times V_t}{1 - \alpha} = \frac{1.05 \times 0.0212}{1 - 0.7} \approx 0.07 (m^3)$$

（2）工作压力：补水泵启动压力 $P_1 = 215\,kPa$，$P_2 = 350\,kPa$。

选 RSN600 气压罐，直径 600 mm，高 1870 mm，总容积 0.35 m^3，调节容积 0.11 m^3。

水箱的储水量取补水泵 30～60 min 的水量。

因此软化水箱有效水容积应为 $0.424 \times 60 \div 60 = 0.424 (m^3)$。

软化水箱尺寸（mm）为 $900 \times 900 \times 900$。

选取 KTS-1RQ 全自动软水器。处理软化水量：0.5～1.0 m^3/h；安装尺寸（mm）：1.5 $\times$ 0.6 $\times$ 2.0；进出口管径：DN25；树脂 L25 $\times$ 2，盐箱规格 Φ330 $\times$ 750（mm）。

三、冷却水系统水处理设备

冷却水量：69.49 m^3/h。

因此选用 KLDJ-100 电子水处理仪。产品口径：100 mm；处理水量：80 m^3/h；功率：40 W；自重：24 kg；长度：620 mm。

4.4.5　分、集水器的选择计算

假定分、集水器的断面流速为 1 m/s，冷冻水流量为 51.6 m^3/h，断面尺寸：

$$d_j = \sqrt{\frac{4G}{\pi v}} = \sqrt{\frac{4 \times G}{3600 \times \pi \times v}} \times 1000 = \sqrt{\frac{4 \times 51.6}{3600 \times \pi \times 1}} \times 1000 \approx 135 (mm)$$

筒体直接选 $D = 273\,mm$，封头高度 $h = 93\,mm$，排污管规格 dp $= 50\,mm$。

分、集水器的长度

$$L = 130 + \sum d_i \times 2 + i \times 120 + 120 + 2h$$
$$= 130 + 375 \times 2 + 5 \times 120 + 120 + 2h = 1786 (mm)$$

选取 D273 $\times$ 1800 的分、集水器各一台。

4.4.6　水-水板式换热器的选择计算

本次空调系统热水供回水温度为 60/50℃，市政一次管网热水供回水温度为 80/60℃，总热负荷 $Q = 300\,kW$。

（1）一次水平均温度：

$$\Delta t_1 = \frac{T_1 + T_2}{2} = \frac{80 + 60}{2} = 70 (℃)$$

（2）二次水平均温度：

$$\Delta t_2 = \frac{t_1 + t_2}{2} = \frac{60 + 50}{2} = 55 (℃)$$

查水在不同温度时的物理参数：ρ，C_p，λ，ν，P_r。

（3）一次循环水量：

$$q_{m1} = \frac{Q}{\rho_1 \cdot C_{p1}(T_1 - T_2)} = \frac{300 \times 3\,600}{977.8 \times 4.187 \times (80 - 60)} \approx 13.19(\text{m}^3/\text{h})$$

二次循环水量：

$$q_{m2} = \frac{Q}{\rho_2 \cdot C_{p2}(t_1 - t_2)} = \frac{300 \times 3\,600}{958.6 \times 4.177 \times (60 - 50)} \approx 26.97(\text{m}^3/\text{h})$$

（4）计算平均温度 Δt：

当 $(T_1 - t_1) \div (T_2 - t_1) \leqslant 1.7$ 时，选用对称型（BRS）板片，取算数平均温差

$$\Delta t_m = \frac{(T_1 + T_2) - (t_1 + t_2)}{2} = \frac{(80 + 60) - (60 + 50)}{2} = 15(\text{℃})$$

当 $(T_1 - t_1) \div (T_2 - t_1) > 1.7$ 时，选用对称型（FBR）板片，取对数平均温差

$$\Delta t_{lm} = \frac{(T_1 - t_1) - (T_2 - t_2)}{\ln \dfrac{T_1 - t_1}{T_2 - t_2}} = \frac{(80 - 60) - (60 - 50)}{\ln \dfrac{80 - 60}{60 - 50}} \approx 14.43(\text{℃})$$

因为本工程 $(T_1 - t_1) \div (T_2 - t_1) = (80 - 60) \div (60 - 50) = 2$，所以平均温度 Δt 选取为 14.43℃。

（5）接管流速 v：

$$v = \frac{4 \times q_{m2}}{3\,600 \times \pi \times d^2} = \frac{4 \times 26.97}{3\,600 \times \pi \times \left(\dfrac{65}{1\,000}\right)^2} \approx 2.26(\text{m/s})$$

（6）估算换热面积 F_m：

传热系数 K 取用经验值 $4\,000\,\text{kcal}/(\text{m}^3 \cdot \text{h} \cdot \text{℃})$。

$$F_m = \frac{Q}{K \cdot \Delta t} = \frac{300 \times 1\,000 \times 0.86}{4\,000 \times 14.43} \approx 4.47(\text{m}^2)$$

（7）试算一次水板间流速：

$$v_1 = \frac{2 \cdot q_{m1} \cdot S}{F_m \cdot f \cdot 3\,600} = \frac{2 \times 13.19 \times 0.14}{4.47 \times 0.000\,98 \times 3\,600} \approx 0.23(\text{m/s})$$

试算二次水板间流速：

$$v_2 = \frac{2 \cdot q_{m2} \cdot S}{F_m \cdot f \cdot 3\,600} = \frac{2 \times 26.97 \times 0.14}{4.47 \times 0.000\,98 \times 3\,600} \approx 0.48(\text{m/s})$$

初选 FBR015 型板，单板面积 $S = 0.14\,\text{m}^2$，通道截面 $f = 0.000\,98\,\text{m}^2$，计算结果应小于 0.5 m/s（接口管径 DN65）。

（8）计算换热器流道数：

$$n = \frac{q_{m2}}{3\,600 \cdot f \cdot v_2} = \frac{26.97}{3\,600 \times 0.000\,98 \times 0.48} \approx 16$$

（9）计算换热器流程数：

$$m = \frac{\dfrac{F_m}{S} + 1}{2n} = \frac{\dfrac{4.47}{0.14} + 1}{2 \times 16} \approx 1.029$$

（10）选择 FBR015 型板：$d_e = 0.007\,4$ m。

计算一次水雷诺数：

$$Re_1 = \frac{v_1 d_e}{\nu_1} = \frac{0.23 \times 0.007\,4}{0.000\,000\,415} \approx 4\,101$$

计算二次水雷诺数：

$$Re_2 = \frac{v_2 d_e}{\nu_2} = \frac{0.48 \times 0.007\,4}{0.000\,000\,517} \approx 6\,870$$

计算一次水努谢尔特数：

$$Nu_1 = 0.101\,4 Re_1^{0.792\,8} \cdot Pr_1^{0.3} = 0.101\,4 \times 4\,101^{0.792\,8} \times 2.55^{0.3} \approx 98.24$$

计算二次水努谢尔特数：

$$Nu_2 = 0.101\,4 Re_2^{0.792\,8} \cdot Pr_2^{0.4} = 0.101\,4 \times 6\,870^{0.792\,8} \times 3.27^{0.4} \approx 179.39$$

计算换热系数 α_b：

$$\alpha_b = \frac{Nu_1 \lambda_1}{d_e} = \frac{98.24 \times 0.668}{0.007\,4} \approx 8\,868.15$$

计算换热系数 α_c：

$$\alpha_c = \frac{Nu_2 \lambda_2}{d_e} = \frac{179.39 \times 0.654}{0.007\,4} \approx 16\,193.58$$

计算总传热系数 K：

$$K = \frac{1}{\dfrac{1}{\alpha_b} + \dfrac{1}{\alpha_c} + \dfrac{1}{\lambda}} = \frac{1}{\dfrac{1}{8\,868.15} + \dfrac{1}{16\,193.58} + \dfrac{1}{11\,111}} \approx 3\,780.48[\text{kcal}/(\text{m}^2 \cdot \text{℃})]$$

计算实际换热面积 F：

$$F = \frac{Q}{K \cdot \Delta t} = \frac{300 \times 1\,000}{3\,780.48 \times 14.43} \approx 5.5(\text{m}^2)$$

换热器所需片数：

$$N = \frac{F}{S} + 2 = \frac{5.5}{0.14} + 2 \approx 41.29$$

计算一次水欧拉数：

$$Eu_1 = 1\,398Re_1^{-0.2127} = 1\,398 \times 4\,101^{-0.2127} = 238.26$$

计算二次水欧拉数：

$$Eu_2 = 933Re_2^{-0.1689} = 933 \times 6\,870^{-0.1689} = 223.3$$

计算一次水侧压力降：

$$\Delta P_1 = Eu_1 \times \rho_1 \times v_1^2 \times 10^{-6} = 238.26 \times 977.8 \times 0.23^2 \times 10^{-6} \approx 0.012\,32(\text{MPa})$$

计算二次水侧压力降：

$$\Delta P_2 = Eu_2 \times \rho_2 \times v_2^2 \times 10^{-6} = 223.3 \times 958.6 \times 0.48^2 \times 10^{-6} \approx 0.049\,32(\text{MPa})$$

计算选型结果：选 FBR015 型板式换热器 2 台，换热面积 5.5 m²，实际组装片数为 42 片。

制冷机房平面布置图、基础平面图、原理图，以及分、集水器大样图见图 4-8～图 4-11。

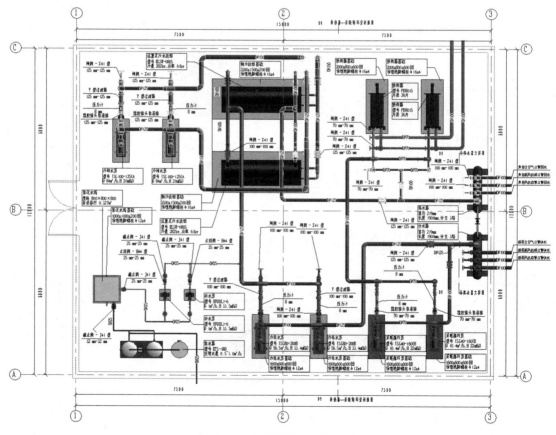

图 4-8　制冷机房平面布置图

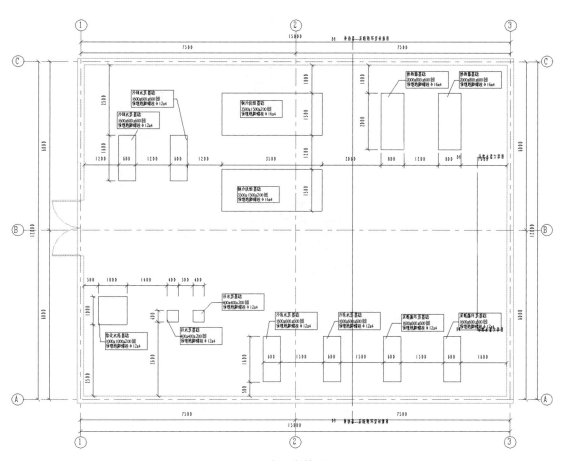

图 4-9 制冷机房基础平面图

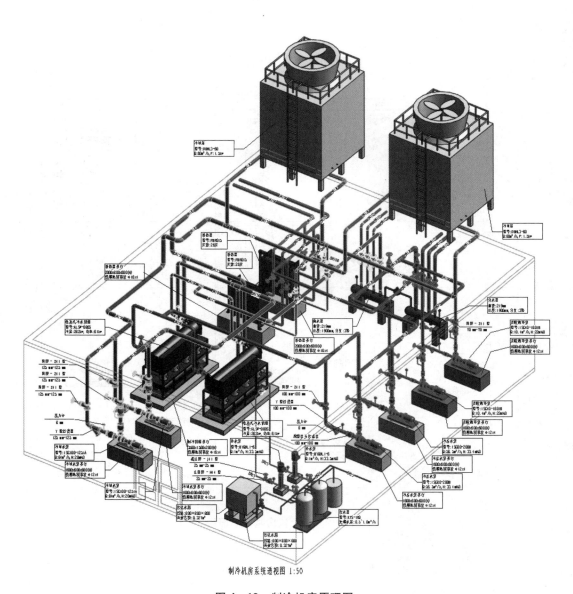

制冷机房系统透视图 1:50

图 4-10 制冷机房原理图

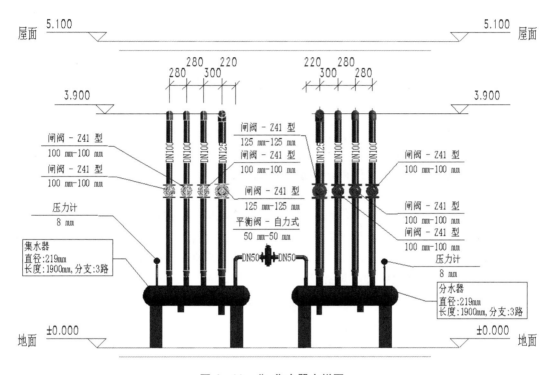

图 4-11　分、集水器大样图

第 5 章

采暖系统设计

§5.1　校核建筑围护结构热工参数

（1）查阅建筑条件图或设计任务书，初步确定建筑围护结构热工参数。

（2）校核参数是否符合 GB 55015—2021《建筑节能与可再生能源利用通用规范》（以下简称通用规范）限值要求，并最终确定建筑围护结构热工参数。

城市热工分区见 GB 55016—2021《建筑环境通用规范（全文强制）》附录 D。

体形系数：建筑物与室外空气直接接触的外表面积与其所包围的体积的比值，外表面积不包括地面和不供暖楼梯间内墙的面积。其限值见通用规范。

公共建筑分类：单栋建筑面积大于 300 m² 的建筑，或单栋建筑面积小于或等于 300 m² 但总建筑面积大于 1 000 m² 的建筑群，应为甲类公共建筑；单栋建筑面积小于或等于 300 m² 的建筑，应为乙类公共建筑。

§5.2　校核围护结构传热热阻是否满足最小传热热阻的要求

为了保证室内人员的热舒适性要求和卫生要求，根据室内空气温度与围护结构内表面的温差要求来确定围护结构的最小传热阻（见表 5-1、表 5-2）。

表 5-1　内表面换热系数 α_n 与热阻 R_n

围护结构内表面特征	α_n	R_n
	W/(m² · ℃)	m² · ℃/W
墙、地面、表面平整或有肋状突出物的顶棚，当 $h/s \leqslant 0.3$ 时	8.7	0.115
有肋、井状突出物的顶棚，当 $0.2 < h/s \leqslant 0.3$ 时	8.1	0.123
有肋状突出物的顶棚，当 $h/s > 0.3$ 时	7.6	0.132
有井状突出物的顶棚，当 $h/s > 0.3$ 时	7.0	0.143

注：h——肋高（m）；s——肋间净距（m）。

表 5-2　外表面换热系数 α_w 与热阻 R_w

围护结构外表面特征	α_w W/(m²·℃)	R_w m²·℃/W
外墙与屋顶	23	0.04
与室外空气相通的非采暖地下室上面的楼板	17	0.06
闷顶和外墙上有窗的非采暖地下室上面的楼板	12	0.08
外墙上无窗的非采暖地下室上面的楼板	6	0.17

冬季围护结构室外计算温度：按围护结构热惰性指标 D 值分为 4 个等级，如表 5-3 所示。

表 5-3　冬季围护结构室外计算温度表

围护结构的类型	热惰性指标 D 值	$t_{w\cdot e}$ 的取值(℃)
I	>6.0	$t_{w\cdot e} = t'_w$
II	4.1~6.0	$t_{w\cdot e} = 0.6t'_w + 0.4t_{p\cdot min}$
III	1.6~4.0	$t_{w\cdot e} = 0.3t'_w + 0.7t_{p\cdot min}$
IV	≤1.5	$t_{w\cdot e} = t_{p\cdot min}$

注：t'_w 为供暖室外计算温度；$t_{p\cdot min}$ 为累年最低日平均温度。

（1）墙体的参数需要满足建筑围护结构热工参数校核中的相关要求。

（2）围护结构最小热阻验算，需要按照建筑物性质选择对应的外墙和屋面的允许温差 Δt_y（见表 5-4）。

表 5-4　允许温差 Δt_y 值(℃)

建筑物及房间类别	外墙	屋顶
居住建筑、医院和幼儿园等	6.0	4.5
办公建筑、学校和门诊部等	6.0	4.5
公共建筑(上述指明者除外)和工业企业		
辅助建筑物(潮湿的房间除外)	7.0	5.5
室内空气干燥的生产厂房	10.0	8.0
室内空气湿度正常的生产厂房	8.0	7.0
室内空气潮湿的公共建筑、生产厂房及辅助建筑物		
当不允许墙和顶棚内表面结露时	$t_n - t_1$	$0.8(t_n - t_1)$

续表

建筑物及房间类别	外墙	屋顶
当仅不允许顶棚内表面结露时	7.0	$0.9(t_n - t_1)$
室内空气潮湿且具有腐蚀性介质的生产厂房	$t_n - t_1$	$t_n - t_1$
室内散热量大于 23 W/m²，且计算相对湿度不大于 50% 的生产厂房	12.0	12.0

注：1. t_n——室内计算温度，℃；t_1——在室内计算温度和相对湿度状况下的露点温度，℃。
2. 与室内空气相通的楼板和非采暖地下室上面的楼板，其允许温差 Δt_y 值可采用 2.5℃。

（3）下面的计算过程为校核外墙围护结构传热阻的计算书算例。

校核外墙围护结构传热阻是否满足最小传热阻要求。

由外墙热工性能参数表可得热惰性指标 $D = 3.34$，该外墙围护结构为匀质多层材料平壁，热惰性指标 $1.6 < D \leqslant 4.0$，围护结构为Ⅲ型。冬季围护结构室外计算温度计算如下：

$$t_{w \cdot e} = 0.3 \times t'_w + 0.7 \times t_{p \cdot min} = 0.3 \times (-13.1) + 0.7 \times (-20.6) = -18.35(℃)$$

计算外墙最小传热阻：

$$R_{0 \cdot min} = aR_n \frac{t_n - t_{w \cdot e}}{\Delta t_y} = 1 \times 0.115 \times \frac{18 - (-18.35)}{6.0} \approx 0.7(m^2 \cdot ℃/W)$$

外墙实际传热阻为

$$R_0 = \frac{1}{K} = \frac{1}{0.43} \approx 2.33(m^2 \cdot ℃/W)$$

外墙实际传热阻大于最小传热阻，满足要求。

校核屋面围护结构传热阻是否满足最小传热阻要求。

由屋面热工性能参数表可得热惰性指标 $D = 4.12$，该屋面围护结构为匀质多层材料平壁，热惰性指标 $4.0 < D \leqslant 6.0$，围护结构为Ⅱ型。冬季围护结构室外计算温度计算如下：

$$t_{w \cdot e} = 0.3 \times t'_w + 0.7 \times t_{p \cdot min} = 0.6 \times (-13.1) + 0.4 \times (-20.6) = -16.1(℃)$$

计算屋面最小传热阻：

$$R_{0 \cdot min} = aR_n \frac{t_n - t_{w \cdot e}}{\Delta t_y} = 1 \times 0.115 \times \frac{18 - (-16.1)}{4.5} \approx 0.87(m^2 \cdot ℃/W)$$

屋面实际传热阻为

$$R_0 = \frac{1}{K} = \frac{1}{0.4} = 2.5(m^2 \cdot ℃/W)$$

屋面实际传热阻大于最小传热阻，满足要求。

§5.3　采暖热负荷计算

5.3.1　热负荷计算基本原理

建筑物热负荷主要由围护结构、冷风渗透、冷风侵入 3 个部分组成。

围护结构的基本耗热量公式：

$$Q_1 = aA_j K_j (t_n - t'_w)$$

不同围护结构温差修正系数见表 5-5。

表 5-5　温差修正系数

围护结构特征	α
外墙、屋顶、地面以及与室外相通的楼板等	1.00
闷顶和室外空气相通的非供暖地下室上面的楼板等	0.90
与有外门窗的不供暖楼梯间相邻的隔墙（1～6 层建筑）	0.60
与有外门窗的不供暖楼梯间相邻的隔墙（7～30 层建筑）	0.50
非供暖地下室上面的楼板，外墙上有窗时	0.75
非供暖地下室上面的楼板，外墙上无窗且位于室外地坪以上时	0.60
非供暖地下室上面的楼板，外墙上无窗且位于室外地坪以下时	0.40
与有外门窗的非供暖房间相邻的隔墙	0.70
与无外门窗的非供暖房间相邻的隔墙	0.40
伸缩缝墙、沉降缝墙	0.30
防震缝墙	0.70

朝向修正耗热量是考虑建筑物受太阳照射影响而对围护结构基本耗热量的修正。当太阳照射建筑物时，阳光直接透过玻璃窗，使室内得到热量。同时由于阳面的围护结构较干燥，外表面和附近气温升高，围护结构向外传递的热量减少。采用的修正方法是按围护结构的不同朝向，采用不同的修正系数。需要修正的耗热量等于垂直的外围护结构（门、窗、外墙及屋顶的垂直部分）的基本耗热量乘以相应的朝向修正系数。《民用建筑供暖通风与空气调节通用规范》规定：宜按表 5-6 规定的数值，选用不同朝向的修正系数 x_{ch}。

表 5-6　朝向修正系数 x_{ch}

北、东北、西北	0～10%
东、西	−5%
东南、西南	−15%～−10%
南	−30%～−15%

风力附加耗热量是考虑室外风速变化而对围护结构基本耗热量的修正，其修正系数为 x_f。在计算围护结构基本耗热量时，外表面换热系数 α_w 是对应风速约为 4 m/s 的计算值。我国大部分地区冬季平均风速一般为 2～3 m/s。因此，《民用建筑供暖通风与空气调节通用规范》规定：在一般情况下，不必考虑风力附加。只对建在不避风的高地、河边、海岸、旷野上的建筑物，以及城镇、厂区内特别高的建筑物，才考虑垂直的外围护结构附加 5%～10%。

高度附加耗热量是考虑房屋高度对围护结构耗热量的影响而附加的耗热量。《民用建筑供暖通风与空气调节通用规范》规定：建筑(除楼梯间外)的围护结构耗热量高度附加修正系数 x_g，当散热器供暖的房间高度大于 4 m 时，每高出 1 m 应附加 2%，但总附加率不应大于 15%；当地面辐射供暖的房间高度大于 4 m 时，每高出 1 m 宜附加 1%，但总附加率不宜大于 8%。高度附加修正系数应附加于围护结构的基本耗热量和其他附加耗热量之和的基础上。

冷风渗透耗热量公式：

$$Q_2 = 0.278 n_k V_n \rho_w C_p (t_n - t'_w)$$

式中：ρ_w ——供暖室外计算温度下的空气密度，$\rho_w = 1.378 \, kg/m^3$；

C_p ——冷空气的定压比热，$C_p = 1.0 \, kJ/(kg \cdot ℃)$；

t_n ——室内计算温度，$t_n = 18℃$（走廊 16℃，卫生间 16℃，大厅 18℃，楼梯间 16℃）；

t'_w ——室外计算温度，$t'_w = -7.6℃$；

n_k ——概算换气次数；

V_n ——房间内部体积。

冷风侵入耗热量公式：

$$Q_3 = N Q_{1 \cdot j \cdot m}$$

总耗热量

$$Q = (1 + x_g)(1 + x_{ch} + x_f) Q_1 + Q_2 + Q_3$$

概算换气次数见表 5-7。

表 5-7　概算换气次数

房间外墙暴露情况	n_k
一面有外窗或外门	1/4～2/3
二面有外窗或外门	1/2～1
三面有外窗或外门	1～1.5
门厅	2

外门附加率 N 值见表 5-8。

表 5-8　外门附加率 N 值

外门布置状况	附加率
一道门	$65n\%$
两道门(有门斗)	$80n\%$
三道门(有两个门斗)	$60n\%$
公共建筑和生产厂房的主要出入口	500%

5.3.2　热负荷计算方法

采暖典型房间计算的房间平面图见图 5-1。

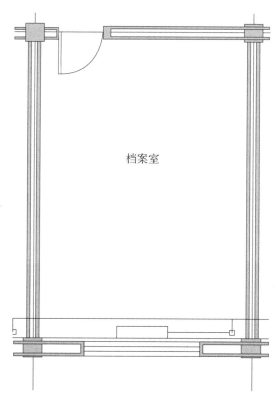

图 5-1　房间平面图

一、基本耗热量

南外窗:窗面积 $F=2.4\times1.8=4.32(\text{m}^2)$,窗传热系数 $K=2.05\ \text{W}/(\text{m}^2\cdot\text{℃})$。

$$Q=KF\Delta t\alpha=2.05\times4.32\times25.6\times1\approx226.7(\text{W})$$

南外墙：墙面积 $F = 4.5 \times 3.9 - 2.4 \times 1.8 = 13.23(\mathrm{m}^2)$，墙传热系数 $K = 0.57\,\mathrm{W}/(\mathrm{m}^2 \cdot ℃)$。

$$Q = KF\Delta t\alpha = 0.57 \times 13.23 \times 25.6 \times 1 \approx 193.1(\mathrm{W})$$

屋顶：屋顶面积 $F = 4.5 \times 6.4 = 28.8(\mathrm{m}^2)$，屋顶传热系数 $K = 0.55\,\mathrm{W}/(\mathrm{m}^2 \cdot ℃)$。

$$Q = KF\Delta t\alpha = 0.55 \times 28.8 \times 25.6 \times 1 \approx 405.5(\mathrm{W})$$

二、围护结构耗热量

南外窗：

$$Q_1 = Q(1 + x_{ch} + x_f)(1 + x_g) = 226.7 \times (1 - 0.2 + 0) \times (1 + 0) = 181.36(\mathrm{W})$$

南外墙：

$$Q_1 = Q(1 + x_{ch} + x_f)(1 + x_g) = 191.3 \times (1 - 0.2 + 0) \times (1 + 0) = 153.04(\mathrm{W})$$

屋顶：

$$Q_1 = Q(1 + x_{ch} + x_f)(1 + x_g) = 405.5 \times (1 + 0 + 0) \times (1 + 0) = 405.5(\mathrm{W})$$

三、冷风渗透耗热量

北外窗：

$$Q_2 = 0.278 V_n \rho_w C_p (t_n - t'_w) = 0.278 \times 112.32 \times 1 \times 1.33 \times 25.6 \approx 1\,063.15(\mathrm{W})$$

四、冷风侵入耗热量

本房间无外门，因此

$$Q'_3 = NQ'_{1 \cdot j \cdot m} = 0(\mathrm{W})$$

则围护结构的总热负荷：

$$Q = Q_1 + Q_2 + Q_3 = 181.36 + 153.04 + 405.5 + 1\,063.15 = 1\,803.05(\mathrm{W})$$

§5.4 采暖系统选择

常见的采暖系统一般有以下 3 种形式：

（1）垂直单管上供下回式。结构简单，施工设计方便，水力稳定性好，多层办公建筑常采用此种采暖形式。

（2）双管上供下回式。排气方便，室温可调节，易产生垂直失调，适用于室温有调节要求的建筑。

（3）水平串联式。常见于住宅，可以克服垂直式系统立管穿越其他住户套内的缺点，立管一般位于楼梯间管道井内。

§5.5　采暖系统创建

5.5.1　新建采暖项目

如果当前不处于机械样板所创建的项目中,则需要创建一个新的项目,在项目样板中选择机械样板(具体操作详见新建风系统中的步骤)。如果不使用对应的专业样板,会出现无法顺利建模等问题(如管道系统无管道管件),并且对应的视图内容可视性也会出问题。

5.5.2　管道系统

(1) 在项目浏览器中找到"族"节点,双击后找到"管道系统"节点(见图5-2)。

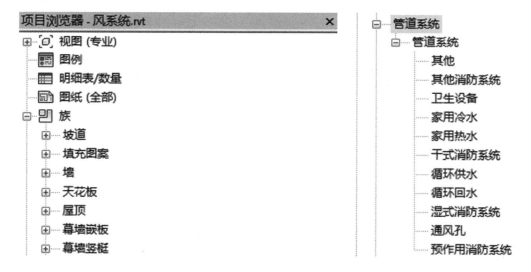

图5-2　项目浏览器管道系统节点

(2) 由于 Revit 软件的管道系统族类型预设了"循环供水""循环回水"系统形式,因此用户需要对系统族类型进行复制,自建管道系统,将新建的系统命名并设置好颜色和管道线的线宽以及线型(见图5-3)。

一般采暖系统采用"循环供水""循环回水"两种预制形式,分别复制成为采暖供水、采暖回水两种形式。

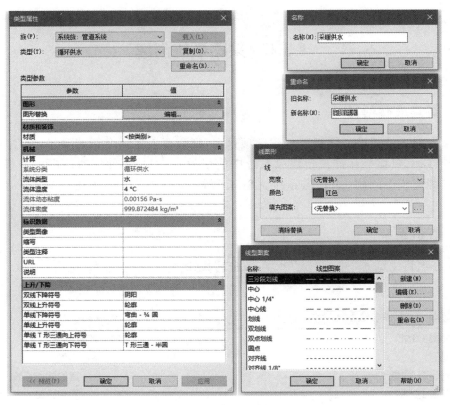

图 5‑3　管道系统创建图

（3）在绘制管道时，在属性栏中切换创建的管道系统（见图 5－4）。

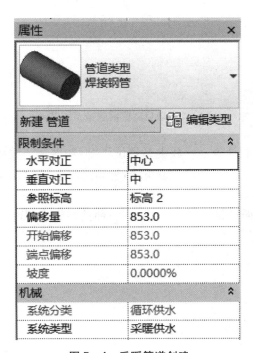

图 5‑4　采暖管道创建

5.5.3　机械设备

"系统"选项卡 ▶ "机械"面板 ▶ 机械设备(见图 5-5)。

图 5-5　机械设备基本属性参数

以散热器为例进行设置,点击"编辑类型"进入类型属性设置对话框进行设置。可以设置散热器距本层地面高度、散热器宽度以及散热器高度等参数(见图 5-6)。

建议在散热器族编辑中设置对应公式,建立房间热负荷与采暖水流量的对应关系,从而可以根据房间热负荷等相关参数自动计算散热器片数。

5.5.4　管道

"系统"选项卡 ▶ "卫浴和管道"面板 ▶ 管道。

在参数栏中可以修改管道的直径以及风管相对于本层地面的高度(见图 5-7)。

在项目浏览器中找到"族"树形框下面"管道"节点、"标准"子节点,右键弹出菜单后选择复制,将复制出来的管道重命名。

重命名新类型的管道后点击右键,弹出菜单后选择"类型属性"命令,进行管材、管件、连接方式等设置(见图 5-8)。

类型属性 ✕

族(F): 散热器 – 铸铁 – 三柱 – 同侧 – 上 ∨　载入(L)…

类型(T): 67 ∨　复制(D)…

重命名(R)…

类型参数

参数	值
限制条件	⌃
默认高程	120.0
材质和装饰	⌃
散热器材质	<按类别>
机械	⌃
单片水容量	0.6 L
单片散热面积	0.090 m²
单片散热量	0.05710 kW
尺寸标注	⌃
散热器单片长度	60.0
散热器宽度	100.0
散热器高度	766.0
管道半径	10.0 mm
管道直径	20.0 mm
中心距	700.0
标识数据	⌄
其他	⌃
宽度 1	25.0
长度 1	54.0
高度 1	273.6

<< 预览(P)　　确定　　取消　　应用

图 5-6　机械设备类型属性参数

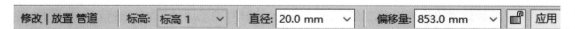

图 5-7　管道参数栏

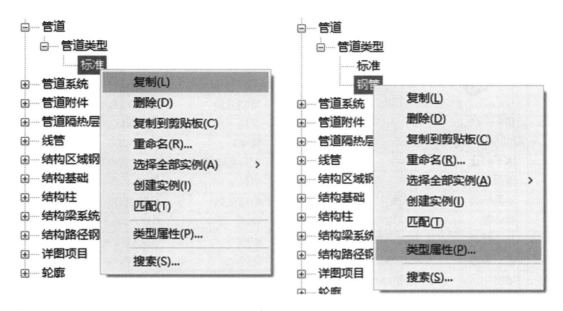

图 5-8　新增管道类型

在布管系统配置中可以定义管段尺寸的参数（见图 5-9、图 5-10）。

图 5-9　管道布管系统配置

图 5-10 管道属性参数

在属性栏中可以修改风管的对齐方式、参照标高以及系统类型，并且可以在流量参数栏里看到对应的流量、速度、比摩阻、雷诺数以及卫浴装置当量等相关参数。

5.5.5 管件

"系统"选项卡 ▶ "卫浴和管道"面板 ▶ 管件。

在属性栏中可以修改管件的标高以及相对于本层地面的高度(见图 5-11)。

图 5-11 管件属性参数

5.5.6 管路附件

"系统"选项卡 ▶ "卫浴和管道"面板 ▶ 管路附件。

在属性栏中可以修改管路附件的标高以及相对于本层地面的高度(见图 5-12)。

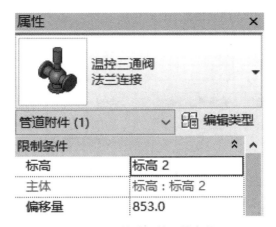

图 5‑12　管路附件属性参数

§5.6　采暖系统 BIM 模型创建

5.6.1　管道布局

（1）圈选需要连接管道的机械设备。

（2）点击上面选项卡中"创建系统"中的"管道"命令（见图 5‑13）。

图 5‑13　创建管道系统

（3）修改系统名称，点击确定（见图 5‑14）。

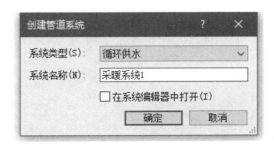

图 5‑14　修改管道系统名称

（4）点击上面选项卡中"布局"中的"生成布局"命令（见图5－15）。

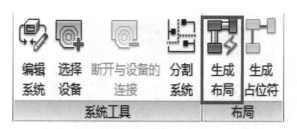

图5－15　创建管道布局

（5）进入布局中，点击"放置基准"，放置在主管道起始端（见图5－16、图5－17）。

图5－16　管道布局放置基准

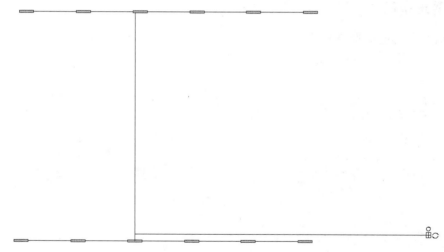

图5－17　单线管道布局

（6）点击上面选项卡中"修改布局"中的"解决方案"命令（见图5－18）。

图5－18　管道系统解决方案

（7）点击"设置"左侧的左右方向按钮可以切换管道布局的类型（见图 5‑19）。

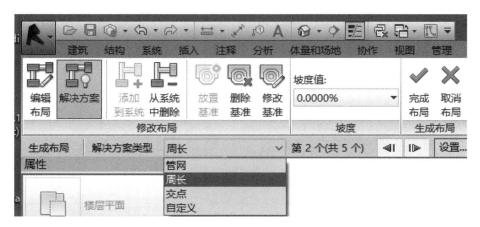

图 5‑19　管道系统解决方案类型

（8）选择解决方案类型，一般采暖系统水平连接可以采用周长这种形式（见图 5‑20）。

图 5‑20　管道系统周长类型解决方案

（9）点击上面选项卡中"修改布局"中的"编辑布局"命令（见图 5‑21）。

图 5‑21　编辑管道布局界面

（10）点击拖动单线管道，可以编辑管路（见图 5 - 22）。

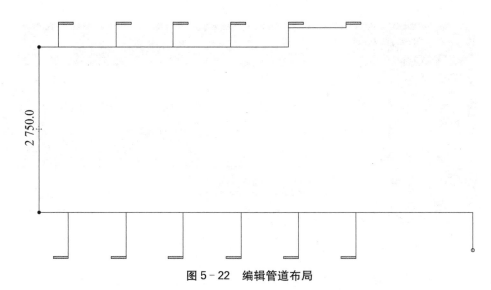

图 5 - 22 编辑管道布局

（11）点击上面选项卡中"修改布局"中的"修改基准"命令，可以对风管的起始端进行修改（见图 5 - 23）。

图 5 - 23 管道布局修改基准

（12）点击上面选项卡中"修改布局"中的"完成布局"命令，完成风管系统的初始布置（见图 5 - 24）。

图 5 - 24 编辑管道布局界面

（13）再次圈选需要连接管道的机械设备，由于选中的图元中可能含有非机械设备的图元，因此需要使用过滤器进行筛选，过滤器命令在选中图元后会出现在顶部选项卡中（见图 5 - 25）。

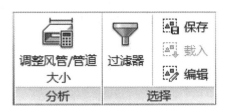

图 5 - 25　过滤器布局界面

在过滤器中选中我们需要选择的图元,点击确定(见图 5 - 26)。

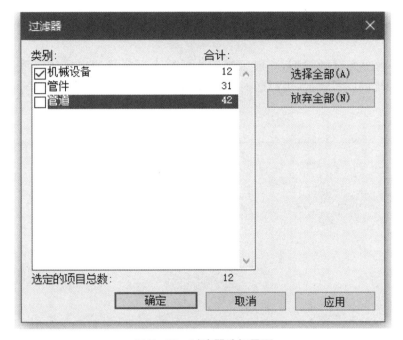

图 5 - 26　过滤器选择界面

(14) 点击上面选项卡中"创建系统"中的"管道"命令(见图 5 - 27)。

图 5 - 27　创建管道系统

(15) 修改系统名称,由于之前已经创建了供水系统,连接件中的供水连接件已经被占用,因此系统会自动创建以回水连接件为主的回水系统,点击确定(见图 5 - 28)。

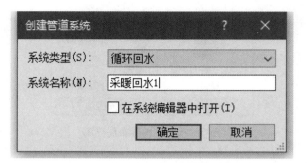

图 5 - 28　修改管道系统名称

（16）"生成布局"、"放置基准"、"解决方案"、切换管道布局类型等命令与供水系统操作一致。

（17）选择解决方案的类型，一般采暖回水系统水平形式的连接依旧采用周长这种形式，但是为了系统的同程连接，可以暂时将基准远离供水基准，靠近回水循环一侧（见图 5 - 29）。

图 5 - 29　管道系统周长类型解决方案

（18）点击上面选项卡中"修改布局"中的"编辑布局"命令（见图 5 - 30）。

图 5 - 30　编辑管道布局界面

（19）点击拖动单线管道,可以编辑管路(见图 5-31)。

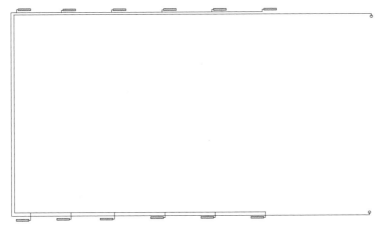

图 5-31　编辑回水管道布局

（20）点击上面选项卡中"修改布局"中的"修改基准"命令,可以对回水管道的起始端进行修改(见图 5-32)。

图 5-32　管道布局修改基准

（21）在修改布局命令中,点选管线可以对布局中的管线标高进行修改(见图 5-33)。

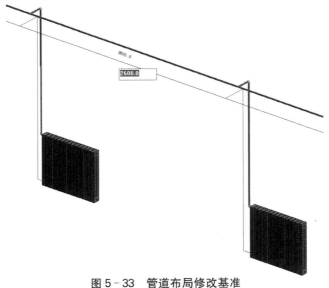

图 5-33　管道布局修改基准

（22）点击上面选项卡中"修改布局"中的"完成布局"命令，完成回水管道系统的初始布置（见图 5‐34）。

图 5‐34　编辑管道布局界面

手动调整一下回水立管位置，最终修改完成的采暖系统如图 5‐35 所示。

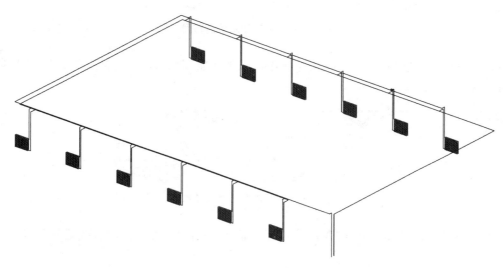

图 5‐35　采暖系统

5.6.2　手动布置

（1）选择要连接的单个机械设备，再点击需要连接到的管道（见图 5‐36）。

图 5‐36　连接单个设备

（2）由于机械设备经常会有多种连接接口,因此需要选择具体的接口进行连接(见图 5-37)。

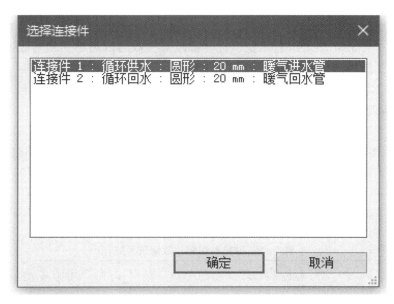

图 5-37　机械设备连接件选择

（3）最终机械设备连接管道效果如图 5-38 所示。

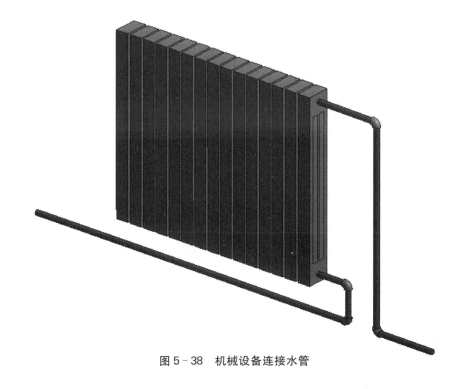

图 5-38　机械设备连接水管

§5.7 散热器计算

（1）当实际工况如供回水温度、室内计算温度等参数与散热器实验室数据不一致时，实际散热量都与手册中标定的数值不一致，需要校核计算。

（2）计算中考虑各种修正的系数。

（3）确定采暖系统、采暖环路、采暖立管。

一般工程上一个采暖入口即为一个系统，一个工程如果有两个采暖入口即为两个采暖系统，而每个采暖系统由于立管数量较多又会分为多个采暖环路。一个环路的立管数量不宜超过 10 根，为避免无法调节的情形，不应超过 15 根，否则系统作用半径过大，导致不易调节。

散热器组装片数修正系数见表 5-9。

表 5-9 散热器组装片数修正系数 β_1

散热器形式	各种铸铁及钢制柱形				钢制板形及扁管形		
每组片数或长度	<6 片	6～10 片	11～20 片	>20 片	≤600 mm	800 mm	≥1 000 mm
β_1	0.95	1.00	1.05	1.10	0.95	0.92	1.00

（4）立管暖气片的计算示例。

① 单管系统各层散热器的热负荷。

已知 $Q_5 = 1\,412.37\,\mathrm{W}$，$Q_4 = 739.37\,\mathrm{W}$，$Q_3 = 739.37\,\mathrm{W}$，$Q_2 = 739.37\,\mathrm{W}$，$Q_1 = 739.37\,\mathrm{W}$，$\sum Q = 4\,369.85\,\mathrm{W}$。

立管进水温度 $t_\mathrm{g} = 80℃$；回水温度 $t_\mathrm{h} = 60℃$。

串联 N 组散热器的系统，流出第 I 组散热器的水温 t_i 按下式计算，即

$$t_\mathrm{i} = t'_\mathrm{g} - \frac{Q_\mathrm{I}}{\sum Q}(t_\mathrm{g} - t_\mathrm{h})$$

由此可得：

$$t_5 = t'_\mathrm{g} - \frac{Q_\mathrm{I}}{\sum Q}(t_\mathrm{g} - t_\mathrm{h}) = 80 - \frac{1\,412.37}{4\,369.85}(80 - 60) \approx 73.54(℃)$$

$$t_4 = t'_\mathrm{g} - \frac{Q_\mathrm{I}}{\sum Q}(t_\mathrm{g} - t_\mathrm{h}) = 73.54 - \frac{739.37}{4\,369.85}(80 - 60) \approx 70.16(℃)$$

$$t_3 = t'_\mathrm{g} - \frac{Q_\mathrm{I}}{\sum Q}(t_\mathrm{g} - t_\mathrm{h}) = 70.16 - \frac{739.37}{4\,369.85}(80 - 60) \approx 66.78(℃)$$

$$t_2 = t'_g - \frac{Q_1}{\sum Q}(t_g - t_h) = 66.78 - \frac{739.37}{4369.85}(80 - 60) \approx 63.40(℃)$$

$$t_1 = t'_g - \frac{Q_1}{\sum Q}(t_g - t_h) = 63.40 - \frac{739.37}{4369.85}(80 - 60) \approx 60.02(℃)$$

t_1 也是立管出水温度。

② 散热器计算。

右侧立管 RG1-1 104 房间支管散热器。

已知：$Q = 739.37$ W，$t_{pj} = (63.40 + 60.02)/2 \approx 61.7(℃)$，$t_n = 18℃$，$\Delta t = t_{pj} - t_n = 61.7 - 18 = 43.7(℃)$。

对四柱 760 散热器有：

$$K = 2.503\Delta t^{0.298} = 2.503 \times 43.7^{0.298} \approx 7.71(W/m℃)$$

修正系数：

散热器组装片数修正系数，先假定 $\beta_1 = 1.0$；

散热器连接形式修正系数，查得 $\beta_2 = 1.0$；

散热器安装形式修正系数，查得 $\beta_3 = 1.0$。

根据公式可得

$$F' = \frac{Q}{K\Delta t}\beta_1\beta_2\beta_3 = \frac{739.37}{7.71 \times 43.7} \times 1.0 \times 1.0 \times 1.0 \approx 2.19(m^2)$$

§5.8 采暖水力计算

（1）输入采暖水力计算在不同工况下的设计参数，当实际工况如供回水温度、室内计算温度等参数与项目实际参数不同时，计算结果会有很大误差；经济比摩阻的选择范围会决定最终计算中的管径规格。

（2）注意计算顺序，应该按照管径由小到大的管网连接顺序来完成，一般为供水干管顺水流方向管道越来越细（随着流体从采暖入口流入，每遇到一根立管则出现一个分流三通，干管流量越来越小），回水干管顺水流方向管道越来越粗（随着流体向采暖出口流出，每遇到一根立管则出现一个合流三通，干管流量越来越大）。

同一采暖环路的回水干管与供水干管所输入的立管负荷顺序完全相反。

（3）局部阻力系数的输入如果完全采用查设计手册的方式则过于烦琐，因此建议采用电算化程序。

水力计算中，各立管由于管径规格较小，并且有调节需求，因此工程上多为截止阀，且立管顶部和底部各设置有一个。

热水及蒸汽供暖系统局部阻力系数见表 5-10。

表 5-10   **热水及蒸汽供暖系统局部阻力系数 ζ 值**

局部阻力名称	ζ	说　明
双柱散热器	2.0	
铸铁锅炉	2.5	以热媒在导管中的流速计算局部阻力
钢制锅炉	2.0	
突然扩大	1.0	
突然缩小	0.5	以其中较大的流速计算局部阻力
直流三通(图①)	1.0	
旁流三通(图②)	1.5	
合流三通(图③)	3.0	
分流三通(图③)	3.0	
直流四通(图④)	2.0	
分流四通(图⑤)	3.0	
方形补偿器	2.0	
套管补偿器	0.5	

局部阻力名称	在下列管径(DN/mm)时的 ζ 值					
	15	20	25	32	40	≥50
截止阀	16.0	10.0	9.0	9.0	8.0	7.0
旋塞	4.0	2.0	2.0	2.0		
斜杆截止阀	3.0	3.0	3.0	2.5	2.5	2.0
闸阀	1.5	0.5	0.5	0.5	0.5	0.5
弯头	2.0	2.0	1.5	1.5	1.0	1.0
90℃煨弯及乙字弯	1.5	1.5	1.0	1.0	0.5	0.5
括弯(图⑥)	3.0	2.0	2.0	2.0	2.0	2.0
急弯双弯头	2.0	2.0	2.0	2.0	2.0	2.0
缓弯双弯头	1.0	1.0	1.0	1.0	1.0	1.0

（4）选择合适的对应选项对于计算非常重要，一般室外管网选择小于 30 Pa/m 即可，实际工程选择小于 60 Pa/m 较为合适，采暖立管与室内的地暖盘管管径规格选择小于 90 Pa/m 较为合适，各高校学生完成课程设计与毕业设计可以参见《供热工程》教材，选择小于 120 Pa/m。

不同的比摩阻范围导致计算管径变化较大，请谨慎选择，以免造成工程损失。

（5）由人员手动计算各管段之间的不平衡率，满足设计手册中的相关要求即可。

本设计采用等温降法进行水力计算：

（1）进行各管段编号。

（2）先从系统北半环开始，由立管 1-1 开始计算，分别将各管段的热负荷和管段长度填入表格。

（3）确定管径和计算管段压力损失，因本系统入口压力未规定，故按经济比压降确定管径，查水力计算表得出管径、压力损失，分别填入表格。

（4）立管计算，按整根立管的折算系数、阻力系数计算出局部损失。

（5）为了简化计算，直接查表得出整根立管的当量长度值。

（6）各立管环路计算后，进行各立管环路间的压力平衡计算，其平衡率应满足小于规定值 10%，否则需调整计算，直到平衡率达到规定值为止。

（7）进行两侧系统之间的平衡计算，使其不平衡率在合格范围内。

§5.9 水力计算算例

利用热负荷的计算结果及采暖系统简图（见图 5-39）进行水力计算，如表 5-11、表 5-12 所示。

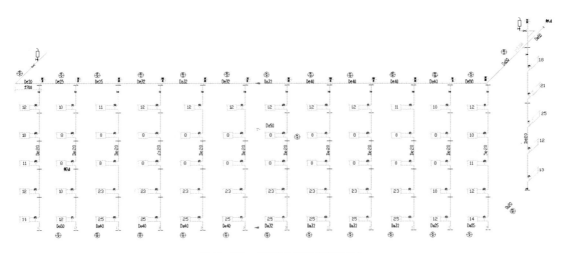

图 5-39 采暖系统示意图（北）

表 5 - 11 采暖立管水力计算

管段号	热负荷 (W)	流量 (kg/h)	长度 (m)	管径 (mm)	计算内径 (mm)	流速 (m/s)	比摩阻 (Pa/m)	沿程阻力 (Pa)	$\sum \xi$ (Pa)	ΔP_d (Pa)	局部阻力 (Pa)	压力损失 (Pa)
1	4 697.15	201.98	19.500	20	21.3	0.159	26.809	185.325	53	12.49	24.98	210.305

表 5 - 12 采暖系统 1 - 供水环路 1 采暖水力计算

管段号	热负荷 (W)	流量 (kg/h)	长度 (m)	管径 (mm)	计算内径 (mm)	流速 (m/s)	比摩阻 (Pa/m)	沿程阻力 (kPa)	$\sum \xi$ (kPa)	ΔP_d (kPa)	局部阻力 (kPa)	压力损失 (kPa)
1 - 11	9 030.20	388.30	10.660	20	21.3	0.306	90.477	964.485	1	46.26	46.26	1 010.745
1 - 10	15 070.78	648.04	7.392	25	27.0	0.318	71.016	524.950	1	49.96	49.96	574.910
1 - 9	21 111.35	907.79	4.208	25	27.0	0.446	135.724	571.127	1	98.27	98.27	669.397
1 - 8	27 200.49	1 169.62	4.500	32	35.8	0.327	51.646	232.407	1	52.83	52.83	285.237
1 - 7	33 289.63	1 431.45	8.200	32	35.8	0.400	75.954	622.823	1	79.05	79.05	701.873
1 - 6	39 378.76	1 693.29	0.800	32	35.8	0.473	104.880	83.904	1	110.53	110.53	194.434
1 - 5	45 467.90	1 955.12	8.156	40	41.0	0.416	68.605	559.542	1	85.50	85.50	645.042
1 - 4	51 508.48	2 214.86	0.855	40	41.0	0.472	87.487	74.801	1	110.06	110.06	184.861
1 - 3	57 549.05	2 474.61	4.500	40	41.0	0.527	108.260	487.170	1	137.21	137.21	624.380
1 - 2	61 245.90	2 633.57	3.644	40	41.0	0.561	122.187	445.249	1	155.48	155.48	600.729
1 - 1	64 942.75	2 792.54	21.298	50	53.0	0.356	36.469	776.717	1	62.61	62.61	839.327

第6章

给排水、消防系统设计

§6.1　建筑内部给水系统

6.1.1　给水系统的组成

建筑内部给水系统一般由引入管、给水管道、给水附件、给水设备、配水设施和计量仪表等组成。

6.1.2　给水管道管材的选择

小区室外埋地给水管道采用的管材应具有耐腐蚀和能承受相应地面荷载的能力,可采用塑料给水管(PE 管)。

室内的给水管道应选用耐腐蚀和安装连接方便可靠的管材,可采用塑料给水管、塑料和金属复合管、不锈钢管及经可靠防腐处理的钢管。

注:高层建筑给水立管不宜采用塑料管。

目前我国给水管道一般采用 PP‑R 管(PP‑R 管径公称直径对照见表 6‑1)。

表 6‑1　PP‑R 管径对照表(mm)

管道外径(DN)	15	20	25	32	40	50	70	80
管道外径(De)	20	25	32	40	50	63	75	90

6.1.3　给水附件及阀门的选用与设置

一、给水附件

给水附件指管道系统中调节水量、水压,控制水流方向,改善水质,以及关断水流,便于管道、仪表和设备检修的各类阀门和设备。给水附件包括各种阀门、水锤消除器、多功能水泵控制阀、过滤器、止回阀、减压孔板等管路附件。

常用的阀门有:

(1)截止阀。关闭严密,但水流阻力较大,因局部阻力系数与管径成正比,故只适用于管径小于等于 50 mm 的管道上，具有调节作用。常用于各分支水平管道上。

（2）闸阀。全开时水流直线通过，水流阻力小，宜在管径大于 50 mm 的管道上采用，闸阀没有调节功能，只能开启和关闭。常用于建筑物入口管道上。

（3）蝶阀。阀板在 90°翻转范围内可起调节、节流和关闭作用，操作扭矩小，启闭方便，结构紧凑，体积小。常用于消防管网当中。

（4）止回阀。用以阻止管道中水的反向流动，为单向阀。常用于建筑物入口管道以及住宅各住户分支管上。

二、阀门的选用与设置

1. 阀门的选用

给水管道上使用的阀门，应根据使用要求按下列原则选型：

（1）需调节流量、水压时，宜采用调节阀、截止阀；

（2）要求水流阻力小的部位，宜采用闸板阀、球阀、半球阀；

（3）安装空间小的场所，宜采用蝶阀、球阀；

（4）水流需双向流动的管段上，不得使用截止阀；

（5）口径较大的水泵，出水管上宜采用多功能阀。

给水管 DN＞50 mm 时选用闸阀，DN≤50 mm 时选用截止阀。

2. 阀门的设置

给水管道的下列部位应设置阀门：

（1）小区给水管道从城镇给水管道的引入管段上；

（2）小区室外环状管网的节点处应按分隔要求设置，环状管段过长时，宜设置分段阀门；

（3）从小区给水干管上接出的支管起端或接户管起端；

（4）入户管、水表前和各分支立管；

（5）室内给水管道向住户、公用卫生间等接出的配水管起端；

（6）水池（箱）、加压泵房、加热器、减压阀、倒流防止器等处应按安装要求配置。

安装阀门时应注意阀门不能串接，阀门串接示意如图 6-1 所示。

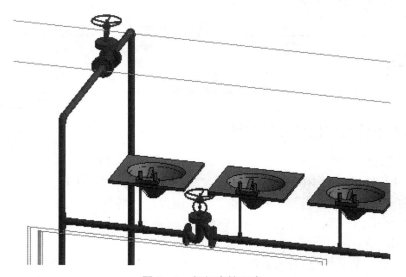

图 6-1　阀门串接示意

6.1.4　给水管道的布置与敷设原则

给水立管尽可能置于墙角,且不应放于大便器旁;给水干管应沿墙布置,管道尽可能与墙、梁、柱平行,呈直线走向;室内生活给水管道宜布置成枝状管网,单向供水。

给水引入管与排水排出管的水平净距不得小于 1 m。室内给水与排水管道平行敷设时,两管间的最小水平净距不得小于 0.5 m;交叉敷设时,垂直净距不得小于 0.15 m。给水管应铺在排水管上面,若给水管必须铺在排水管的下面,给水管应加套管,其长度不得小于排水管管径的 3 倍。给水引入管埋深 1.2 m。

室内给水管道不得布置在遇水会引起燃烧、爆炸的原料、产品和设备的上面。

给水管道不得敷设在烟道、风道、电梯井、排水沟内,不宜穿越橱窗、壁柜,不得穿过大便槽和小便槽,且立管离大、小便槽端部不得小于 0.5 m。

从立管引向户内的入户管不易设置太高,最好为 1.2 m 左右,以便于安装阀门,为检修和操作提供便利条件。室内给水管道上的阀门也应该安装在便于检修和操作的地方。室外给水管道上的阀门宜设置阀门井或阀门套筒。

6.1.5　给水系统创建

(1) 如果当前不处于机械样板所创建的项目中,需要创建一个新的项目,在项目样板中选择机械样板(具体操作详见新建风系统中的步骤)。

(2) 创建管道系统。

① 在项目浏览器中找到"族"节点,双击后找到"管道系统"节点(见图 6-2)。

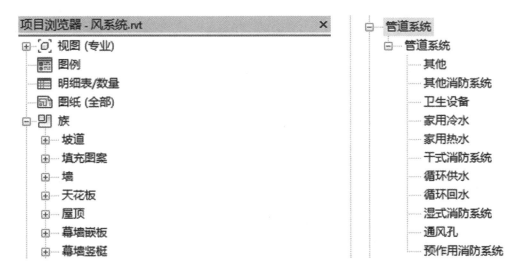

图 6-2　项目浏览器给水管道系统节点

② Revit 软件的管道系统族类型预设了"家用冷水"系统形式,如果需要增设新的系统(如实际工程需要高低分区等要求),对预设系统族类型进行复制,将新建的系统命名并设置好颜色和管道线的线宽以及线型(见图 6-3)。

图 6‑3　给水管道系统创建图

③ 在绘制管道时，在属性栏中切换创建的管道系统（见图 6‑4）。

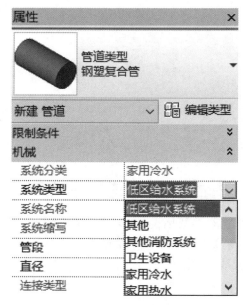

图 6‑4　给水管道创建

（3）"系统"选项卡 ➤ "卫浴和管道"面板 ➤ 卫浴装置。

Revit 内置的机械样板中不含"卫浴装置"族，需要按照如图 6-5 所示的目录找到所需族。

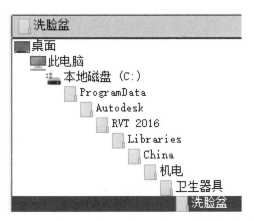

图 6-5 载入给水设备族"洗脸盆"的文件路径对话框

在参数栏中可以修改卫浴装置的所在标高以及自由标头（流出水头）（见图 6-6）。

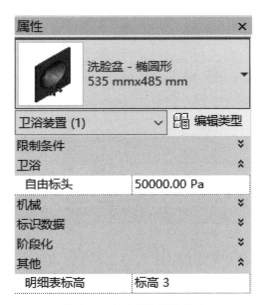

图 6-6 给水设备属性参数

以洗脸盆为例进行设置，点击"编辑类型"进入类型属性设置对话框进行设置。默认高程设置卫浴装置距离地面的高度，部分需要贴着地面安装的卫浴装置（如大便器）无此参数。

编辑"机械"面板中的 WFU（排水当量）、HWFU（热水当量）、CWFU（冷水当量），设置与我们现行设计规范中对应的设计参数，可以方便后面的水力计算。

编辑"尺寸标注"面板中的污水半径、热水半径、冷水半径，可以调整连接件的尺寸。

详见图 6-7。

图 6-7　给水设备类型属性参数

（4）"系统"选项卡 ► "卫浴和管道"面板 ► 管道。

在参数栏中可以修改管道的直径以及给水管道相对于本层地面的高度（见图 6-8）。

图 6-8　给水管道参数栏

在项目浏览器中找到"族"树形框下面"管道"节点、"标准"子节点,右键弹出菜单后选择"复制",将复制出来的管道重命名。

重命名新类型的管道后点击右键,弹出菜单后选择"类型属性"命令,进行管材、管件、连接方式等设置(见图 6-9)。

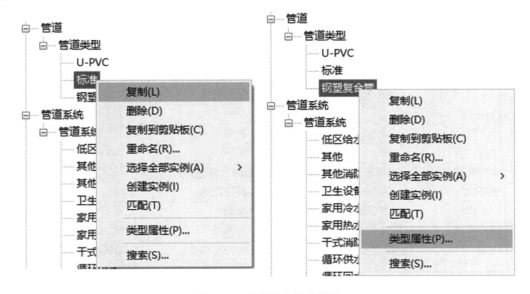

图 6-9　新增给水管道类型

在布管系统配置中可以定义管段尺寸的参数(见图 6-10)。

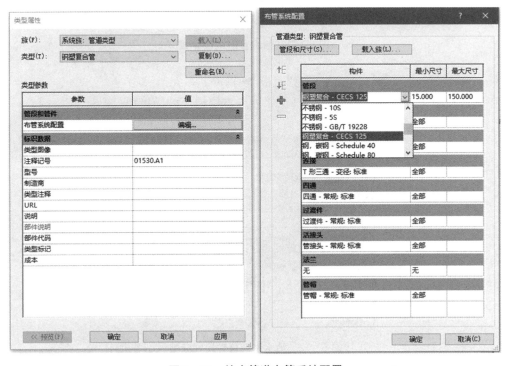

图 6-10　给水管道布管系统配置

在属性栏中可以修改管道的对齐方式、参照标高以及系统类型,并且可以在流量参数栏里看到对应的流量、速度、比摩阻、雷诺数以及卫浴装置当量等相关参数(见图 6-11)。

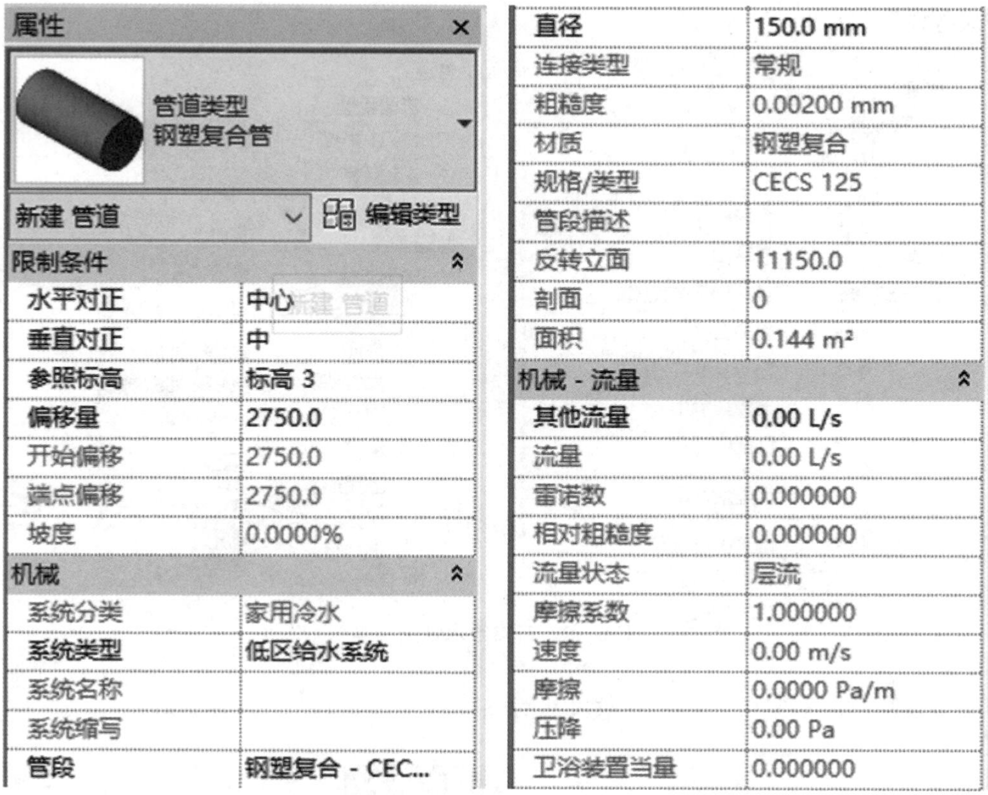

属性	×
管道类型 钢塑复合管	
新建 管道	∨　🔲 编辑类型
限制条件	⌃
水平对正	中心
垂直对正	中
参照标高	标高 3
偏移量	2750.0
开始偏移	2750.0
端点偏移	2750.0
坡度	0.0000%
机械	⌃
系统分类	家用冷水
系统类型	低区给水系统
系统名称	
系统缩写	
管段	钢塑复合 - CEC...

直径	150.0 mm
连接类型	常规
粗糙度	0.00200 mm
材质	钢塑复合
规格/类型	CECS 125
管段描述	
反转立面	11150.0
剖面	0
面积	0.144 m²
机械 - 流量	⌃
其他流量	0.00 L/s
流量	0.00 L/s
雷诺数	0.000000
相对粗糙度	0.000000
流量状态	层流
摩擦系数	1.000000
速度	0.00 m/s
摩擦	0.0000 Pa/m
压降	0.00 Pa
卫浴装置当量	0.000000

图 6-11　给水管道属性参数

　　(5)"系统"选项卡 ▶ "卫浴和管道"面板 ▶ 管件。
　　在属性栏中可以修改管件的标高以及相对于本层地面的高度(见图 6-12)。

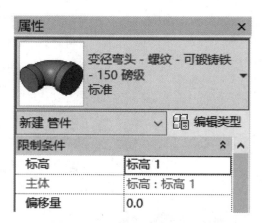

图 6-12　给水系统管件属性参数

（6）"系统"选项卡 ➤ "卫浴和管道"面板 ➤ 管路附件。

在属性栏中可以修改管路附件的标高以及相对于本层地面的高度（见图6-13）。

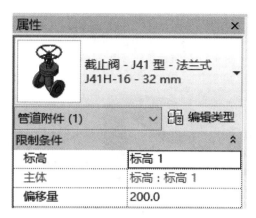

图6-13 给水系统管路附件属性参数

6.1.6 给水系统BIM模型建立

（1）点击"系统"选项卡 ➤ "卫浴和管道"面板 ➤ 管道命令，依次修改偏移量（距本层地面高度）、系统类型、管段（管道类型）、直径（管径）（见图6-14）。

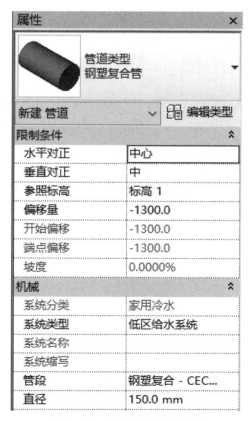

图6-14 给水管道参数配置

（2）点击管道命令不松开，直接修改管道尺寸规格以及偏移量可以连续绘制高低、管径不同的管道（见图 6 - 15、图 6 - 16）。

图 6 - 15　给水系统管道快捷属性参数栏

图 6 - 16　给水管道连续绘制

（3）选择要连接的单个卫浴设备，再点击需要连接到的管道（见图 6 - 17）。

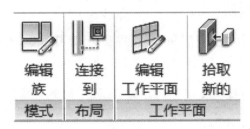

图 6 - 17　连接单个给水设备

（4）由于卫浴设备会有多种连接接口，因此需要选择具体的接口进行连接（见图 6 - 18）。

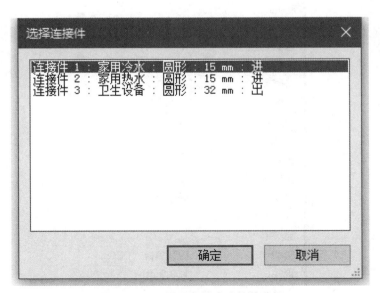

图 6 - 18　卫浴设备给水连接件选择

（5）最终修改过的管路管件方向如图 6 - 19 所示。

图 6 - 19　卫浴设备给水连接件连接管道

6.1.7　建筑内部给水系统计算

一、给水系统所需水量
给水系统用水量根据用水定额、小时变化系数和用水单位数，按下式计算：

$$Q_d = mq_d$$

$$Q_p = \frac{Q_d}{T}$$

$$K_h = \frac{Q_h}{Q_p}$$

$$Q_h = Q_p \cdot K_h$$

式中：Q_d——最高日用水量，L/d；

m——用水单位数、人或床位数等，工业企业建筑为每班人数；

q_d——最高日生活用水定额，L/(人·d)、L/(床·d)或L/(人·班)；

Q_p——平均小时用水量，L/h；

T——建筑物的用水时间，工业企业建筑为每班用水时间，h；

K_h——小时变化系数；

Q_h——最大小时用水量，L/h。

卫生器具的给水额定流量、当量、连接管公称管径和最低工作压力见表 6 - 2。

各类建筑的生活用水定额及小时变化系数见表 6 - 3、表 6 - 4。

表 6-2　卫生器具的给水额定流量、当量、连接管公称管径和最低工作压力

序号	给水配件名称	额定流量 （L/s）	当量	连接管公称 管径（mm）	最低工作压力 （MPa）
1	洗涤盆、拖布盆、盥洗槽 　单阀水嘴 　单阀水嘴 　混合水嘴	0.15～0.20 0.30～0.40 0.15～0.20 （0.14）	0.75～1.00 1.50～2.00 0.75～1.00 （0.70）	15 20 15	0.100
2	洗脸盆 　单阀水嘴 　混合水嘴	0.15 0.15(0.10)	0.75 0.75(0.50)	15 15	0.100
3	洗手盆 　感应水嘴 　混合水嘴	0.10 0.15(0.10)	0.50 0.75(0.50)	15 15	0.100
4	浴盆 　单阀水嘴 　混合水嘴（含带淋浴转换器）	0.20 0.24(0.20)	1.00 1.20(1.00)	15 15	0.100
5	淋浴器 　混合器	0.15(0.10)	0.75(0.50)		0.100～0.200
6	大便器 　冲洗水箱浮球阀 　延时自闭式冲洗阀	0.10 1.20	0.50 6.00	15 25	0.100～0.150
7	小便器 　手动或自动自闭式冲洗阀 　自动冲洗水箱进水阀	0.10 0.10	0.50 0.50	15 15	0.050 0.020
8	小便槽穿孔冲洗管（每米长）	0.05	0.25	15～20	0.015
9	净身盆冲洗水嘴	0.10(0.07)	0.50(0.35)	15	0.100
10	医院倒便器	0.20	1.00	15	0.100
11	实验室化验水嘴（鹅颈） 　单联 　双联 　三联	0.07 0.15 0.20	0.35 0.75 1.00	15 15 15	0.020 0.020 0.020
12	饮水器喷嘴	0.05	0.25	15	0.050
13	洒水栓	0.40 0.70	2.00 3.50	20 25	0.050～0.100 0.050～0.100
14	室内地面冲洗水嘴	0.20	1.00	15	0.100
15	家用洗衣机水嘴	0.20	1.00	15	0.100

表6-3 住宅生活用水定额及小时变化系数

卫生器具设置标准		最高日用水定额 [L/(人·d)]	平均日用水定额 [L/(人·d)]	最高日小时变化系数 K_h
普通住宅	有大便器、洗脸盆、洗涤盆、洗衣机、热水器和沐浴设备	130~300	50~200	2.3~2.8
普通住宅	有大便器、洗脸盆、洗涤盆、洗衣机、集中热水供应(或家用热水机组)和沐浴设备	180~320	60~230	2.0~2.5
别墅	有大便器、洗脸盆、洗涤盆、洗衣机、洒水栓、家用热水机组和沐浴设备	200~350	70~250	1.8~2.3

注:1. 当地主管部门对住宅生活用水标准有规定的,按当地规定执行。
2. 别墅生活用水定额中含庭院绿化用水和汽车抹车用水,不含游泳池补充水。

宿舍、旅馆和公共建筑的生活用水定额及小时变化系数可根据卫生器具完善程度、区域条件和使用要求,按表6-4确定。

表6-4 宿舍、旅馆和公共建筑的生活用水定额及小时变化系数

序号	建筑物名称及卫生器具设置标准	单位	生活用水定额(L)		使用时数 (h)	最高日小时变化系数 K_h
			最高日	平均日		
1	宿舍 居室内设卫生间 设公共盥洗卫生间	每人每日 每人每日	150~200 100~150	130~160 90~120	24	2.5~3.0 3.0~6.0

2	招待所、培训中心、普通旅馆
	  设公用卫生室、盥洗室
	  设公用卫生室、盥洗室、淋浴室
	  设公用卫生室、盥洗室、淋浴室、洗衣室
	  设单独卫生间、公用洗衣室
		每人每日
		每人每日
		每人每日
		每人每日
			50~100
			80~130
			100~150
			120~200
				40~80
				70~100
				90~120
				110~160
					24	2.5~3.0

3	酒店式公寓	每人每日	200~300		24	2.0~2.5
4	宾馆客房 旅客 员工	每床位每日 每人每日	250~400 80~100	220~320 70~80	24 8~10	2.0~2.5 2.0~2.5

5	医院住院部
	  设公用厕所、盥洗室
	  设公用厕所、盥洗室和淋浴室
	  单独卫生间
	医务人员
	门诊部、诊疗所
	  病人
	  医护人员
	疗养院、修养所住房部
		每一病床每日
		每一病床每日
		每一床每日
		每人每班
		
		每病人每次
		每人每班
		每床位每日
			100~200
			150~250
			250~400
			150~250
			
			10~15
			80~100
			200~300
				90~160
				130~200
				220~320
				130~220
				
				6~12
				60~80
				180~240
					24
					24
					24
					8
					
					8~12
					8
					24
						2.0~2.5
						2.0~2.5
						2.0~2.5
						1.5~2.0
						
						1.2~1.5
						2.0~2.5
						1.5~2.0

续表

序号	建筑物名称及卫生器具设置标准	单位	生活用水定额(L)		使用时数(h)	最高日小时变化系数 K_h
			最高日	平均日		
6	养老院、托老所 　全托 　日托	每人每日 每人每日	100~150 50~80	90~120 40~60	24 10	2.0~2.5 2.0
7	幼儿园、托儿所 　有住宿 　无住宿	每一儿童每日 每一儿童每日	50~100 30~50	40~80 25~40	24 10	2.5~3.0 2.0
8	公共浴室 　淋浴 　淋浴、浴盆 　桑拿浴(淋浴、按摩池)	每一顾客每次 每一顾客每次 每一顾客每次	100 120~150 150~200	70~90 120~150 130~160	12 12 12	1.5~2.0
9	理发室、美容院	每一顾客每次	40~100	35~80	12	1.5~2.0
10	洗衣房	每千克干衣	40~80	40~80	8	1.2~1.5
11	餐饮业 　中餐酒楼 　快餐店、职工及学生食堂 　酒吧、咖啡厅、茶座、卡拉 OK	每一顾客每次 每一顾客每次 每一顾客每次	40~60 20~25 5~15	35~50 15~20 5~10	10~12 12~16 8~18	1.2~1.5
12	商场 　员工及顾客	每平方米营业厅面积每日	5~8	4~6	12	1.2~1.5
13	办公楼 　坐班制办公 　公寓式办公 　酒店式办公	每人每班 每人每日 每人每日	30~50 130~300 250~400	25~40 120~250 220~320	8~10 10~24 24	1.2~1.5 1.8~2.5 2.0
14	科研楼 　化学 　生物 　物理 　药剂调制	每工作人员每日	460 310 125 310	370 250 100 250	8~10 8~10 8~10 8~10	1.5~2.0 1.5~2.0 1.5~2.0 1.5~2.0
15	图书馆 　阅览者 　员工	每座位每次 每人每日	20~30 50	15~25 40	8~10	1.5~2.0
16	书店 　顾客 　员工	每平方米营业厅面积每日 每人每班	3~6 30~50	3~5 27~40	8~12	1.2~1.5
17	教学楼、实验楼 　中小学校 　高等学校	每学生每日 每学生每日	20~40 40~50	15~35 35~40	8~9	1.2~1.5

序号	建筑物名称及卫生器具设置标准	单位	生活用水定额(L)		使用时数(h)	最高日小时变化系数 K_h
			最高日	平均日		
18	电影院、剧院 观众 演职员	每观众每场 每人每场	3～5 40	3～5 35	3 4～6	1.2～1.5 2.0～2.5
19	健身中心	每人每次	30～50	25～40	8～12	1.2～1.5
20	体育场、体育馆 运动员淋浴 观众	每人每次 每人每场	30～40 3	25～40 3	4	2.0～3.0 1.2
21	会议厅	每座位每次	6～8	6～8	4	1.2～1.5
22	会展中心(博物馆、展览馆) 观众 员工	每平方米展厅面积 每日 每人每班	3～6 30～50	3～5 27～40	8～16	1.2～1.5
23	航站楼、客运站旅客	每人每次	3～6	3～6	8～16	1.2～1.5
24	菜市场冲洗地面及保鲜用水	每平方米每次	10～20	8～15	8～10	2.0～2.5
25	停车库地面冲洗用水	每平方米每次	2～3	2～3	6～8	1.0

注:1. 中等院校、兵营等宿舍设置公共卫生间和盥洗室,用水时段集中时,最高日小时变化系数 K_h 宜取高值 4.0～6.0;当其他类型宿舍设置公共卫生间和盥洗室时,最高日小时变化系数 K_h 宜取高值 3.0～3.5。

2. 除注明外,均不含员工用水,员工最高日用水定额为每人每班 40～60 L,平均日用水定额为每人每班 30～45 L。

3. 大型超市的生鲜食品区按菜市场用水。

4. 医疗建筑用水中已含医疗用水。

5. 空调用水应另计。

二、给水设计秒流量

当前我国使用的生活给水管网设计秒流量的计算,需要先确定建筑物的类型,然后由建筑物类型确定计算方法。

1. 住宅生活给水管道设计秒流量计算

(1) 根据住宅配置的卫生器具给水当量、使用人数、用水定额、使用时数及小时变化系数,可按下式计算管段最大用水时卫生器具给水当量平均出流概率:

$$U_0 = \frac{q_0 \times m \times K_h}{0.2 \times N_g \times T \times 3\,600} \times 100(\%)$$

式中: U_0——生活给水配水管道最大用水时卫生器具给水当量平均出流概率,%;

q_0——最高用水日的用水定额,L/(人·d),见表 6-3;

m——用水人数,人;

K_h——时变化系数,见表 6-3;

N_g——计算管段的卫生器具给水当量总数;

T——用水小时数,h。

住宅类建筑的卫生器具给水当量最大用水时平均出流概率参考值见表 6-5。

表 6-5　住宅类建筑最大用水时的平均出流概率参考值

建筑物性质	U_0 参考值	建筑物性质	U_0 参考值
普通住宅 I 型	3.4~4.5	普通住宅 II 型	2.0~3.5
普通住宅 III 型	1.5~2.5	别墅	1.5~2.0

（2）管段的卫生器具给水当量同时出流概率与卫生器具的给水当量数以及其平均出流概率（U_0）有关。根据数理统计结果，卫生器具给水当量的同时出流概率计算公式为

$$U = \frac{1 + \alpha_c (N_g - 1)^{0.49}}{\sqrt{N_g}} \times 100\%$$

式中：α_c——对应于不同卫生器具的给水当量平均出流概率（U_0）的系数，见表 6-6。
N_g——计算管段的卫生器具给水当量总数。

表 6-6　α_c 与 U_0 的对应关系

U_0(%)	$\alpha_c \times 10^{-2}$	U_0(%)	$\alpha_c \times 10^{-2}$
1.0	0.323	4.0	2.816
1.5	0.697	4.5	3.263
2.0	1.097	5.0	3.715
2.5	1.512	6.0	4.629
3.0	1.939	7.0	5.555
3.5	2.374	8.0	6.489

（3）设计秒流量由建筑物配置的卫生器具给水当量和管段的卫生器具给水当量同时出流概率确定。

住宅生活给水管道设计秒流量计算公式：

$$q_g = 0.2 \cdot U \cdot N_g$$

式中：q_g——计算管段的设计秒流量，L/s；
U——计算管段的卫生器具给水当量同时出流概率，%；
N_g——计算管段的卫生器具给水当量总数；
0.2——1 个卫生器具给水当量的额定流量，L/s。

2. 公共建筑给水管道设计秒流量计算

宿舍（I、II 类）、旅馆、宾馆、酒店式公寓、医院、疗养院、幼儿园、养老院、办公楼、图书馆、书店、航站楼、商场、客运站、会展中心、中小学教学楼、公共厕所等建筑的生活给水设计秒流量计算公式：

$$q_g = 0.2\alpha \sqrt{N_g}$$

式中：α——根据建筑物用途确定的系数，见表 6-7。

表 6-7　根据建筑物用途确定的系数(α)值

建筑物名称	α 值	建筑物名称	α 值
幼儿园、托儿所、养老院	1.2	教学楼	1.8
门诊部、诊疗所	1.4	医院、疗养院、休养所	2.0
办公楼、商场	1.5	酒店式公寓	2.2
图书馆	1.6	宿舍(居室内设卫生间)、旅馆、招待所、宾馆	2.5
书店	1.7	客运站、航站楼、会展中心、公共厕所	3.0

使用公式 $q_g = 0.2\alpha\sqrt{N_g}$ 应注意下列 3 点：

(1) 当计算值小于该管段上一个最大卫生器具给水额定流量时，应采用一个最大的卫生器具给水额定流量作为设计秒流量。

(2) 当计算值大于该管段上按卫生器具给水额定流量累加所得流量值时，应按卫生器具给水额定流量累加所得流量值采用。

(3) 宿舍(Ⅲ、Ⅳ类)、工业企业的生活间、公共浴室、职工食堂或营业餐馆的厨房、体育场馆、剧院、普通理化实验室等建筑的生活给水管道的设计秒流量计算公式为

$$q_g = \sum q_0 \cdot n_0 \cdot b$$

式中：q_g——计算管段的给水设计秒流量，L/s；

q_0——同类型的一个卫生器具给水额定流量，L/s，见表 6-4；

n_0——同类型卫生器具数；

b——卫生器具的同时给水百分数(%)。

三、给水管网的水力计算

给水管网水力计算的目的是确定各管段管径、管网的水头损失和给水系统所需的压力。

1. 确定管径

由本节计算的设计秒流量及建筑物内的给水管道流速允许值，查表 6-8 得出管径。

表 6-8　生活给水管道的水流速度

公称直径(mm)	15~20	25~40	50~70	≥80
水流速度(m/s)	≤1.0	≤1.2	≤1.5	≤1.8

注：建筑物内的给水管道流速最大不超过 2 m/s。

工程设计中也可采用下列数值：

DN15~DN20：$v = 0.6$~1.0 m/s；DN25~DN40：$v = 0.8$~1.2 m/s。

管径的验算：查表得出管径后，应进行管径的验算，验算公式为

$$v = \frac{4q_g}{\pi d_j^2}$$

式中：q_g——计算管段的设计秒流量，m^2/s；

d_j ——计算管段的管内径,m;

v ——管道中的水流速,m/s。

验算该管径下管道内的水流速是否在允许范围内。

2. 给水管道的水头损失

（1）给水管道的沿程损失

$$h_i = i \cdot L$$

式中：h_i ——沿程水头损失,kPa;

L ——管道计算长度,m;

i ——管道单位长度水头损失,kPa/m。

（2）给水管道的局部损失

PP - R 管局部损失占沿程损失的 $25\% \sim 30\%$,这里取 30%,即

$$h_j = 0.3h_i$$

式中：h_j ——管段局部水头损失之和,kPa;

h_i ——管段沿程水头损失之和,kPa。

四、给水系统所需水压

为满足建筑物内给水系统各配水点单位时间内使用时所需的水量,给水系统的水压(自室外引入管起点管中心标高算起)应保证最不利配水点具有足够的流出水头,计算公式如下：

$$H = H_1 + H_2 + H_3 + H_4$$

式中：H ——建筑内给水系统所需水压,kPa;

H_1 ——引入管起点至最不利配水点位置高度所要求的静水压,kPa;

H_2 ——引入管起点至最不利配水点的给水管路,即计算管路的沿程与局部水头损失之和,kPa;

H_3 ——水流通过水表时的水头损失,kPa;

H_4 ——最不利配水点所需的最低工作压力,kPa。

6.1.8 给水计算算例

一、建筑内部所需水量计算

1. 设计概况

该建筑工程的总长度为 46.2 m,总宽度为 19.8 m,层数为 6 层,总高度为 19.8 m。建筑物内部人员的平均密度为 0.105 人/m²,建筑物内的用水总人数为 576 人。

2. 设计参数的选择

根据《建筑给水排水设计标准》(GB 50015—2019)规定,该工程所需要的设计参数选择如下：

最高日用水定额 q_d:30 L/(人·d);用水时间 T:10 h;小时变化系数 K_h:1.25。

3. 最高日用水量

$$Q_d = m \times q_d = 576 \times 30 = 17\,280(L)$$

4．平均小时用水量

$$Q_p = Q_d/T = 17\,280 \div 10 = 1\,728(\text{L/h})$$

5．最大小时用水量

$$Q_h = Q_p \times K_h = 1\,728 \times 1.25 = 2\,160(\text{L/h})$$

式中：Q_d——最高日用水量，L/d；

m——用水总人数；

q_d——最高日用水定额，L/(人·d)；

Q_p——平均小时用水量，L/h；

T——建筑物用水时间，h；

Q_h——最大小时用水量，L/h；

K_h——小时变化系数。

二、JL-1 给水系统的水力计算

图 6-20 为 JL-1 给水系统示意图。

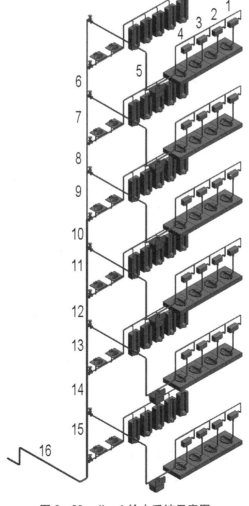

图 6-20　JL-1 给水系统示意图

水力计算结果如表 6-9 所示。

表 6-9　J-1 给水系统水力计算表

计算管段编号	此管段当量数	当量总数 $\sum N$	设计秒流量 (L/s)	管径 DN (mm)	计算内径 (mm)	流速 v (m/s)	比阻 i (kPa/m)	管长 L (m)	沿程阻力 (kPa)
1	0.50	0.50	0.10	20	16	0.50	0.249	0.90	0.22
2	0.50	1.00	0.20	20	16	0.99	0.899	0.90	0.81
3	0.50	1.50	0.30	25	22	0.79	0.404	0.90	0.36
4	0.50	2.00	0.40	32	29	0.61	0.179	1.50	0.27
5	0.75	2.75	0.50	32	29	0.76	0.270	5.50	1.48
6	3.50	6.25	0.75	32	29	1.14	0.573	0.85	0.49
7	2.75	9.00	0.90	40	36	0.88	0.280	2.50	0.70
8	3.50	12.50	1.06	40	36	1.04	0.379	0.85	0.32
9	2.75	15.25	1.17	40	36	1.15	0.455	2.50	1.14
10	3.50	18.75	1.30	50	46	0.78	0.168	0.85	0.14
11	2.75	21.50	1.39	50	46	0.84	0.190	2.50	0.48
12	3.50	25.00	1.50	50	46	0.90	0.218	0.85	0.19
13	2.75	27.75	1.58	50	46	0.95	0.240	2.50	0.60
14	3.50	31.25	1.68	50	46	1.01	0.269	0.85	0.23
15	2.75	34.00	1.75	50	46	1.05	0.290	2.50	0.72
16	3.50	37.50	1.84	50	46	1.11	0.319	11.50	3.67

$$\sum i \times L = 11.82 \, \text{kPa}$$

给水管网入口压力:

$$H = H_1 + H_2 + H_3 + H_4 = 19.8 \times 10 + 11.82 \times 1.3 + 50 + 20 = 283.366(\text{kPa})$$

§6.2　排水系统设计

6.2.1　排水管道的设计原则

(1) 建筑物内排水管道布置应符合下列要求:

① 管道沿墙布置,转弯应最少,排水立管宜靠近排水量最大的排水点,一般设置在靠近大便器的墙角处,距墙 150 mm。

② 排水管道不得穿越住宅客厅、餐厅,并不宜靠近与卧室相邻的内墙。

③ 塑料排水管应避免布置在热源附近;当不能避免,并导致管道表面受热温度大于 60℃时,应采取隔热措施;塑料排水立管与家用灶具边净距不得小于 0.4 m。

④ 排水管道不得穿越卧室。

⑤ 厨房间和卫生间的排水立管应分别设置,室外排出管可以汇合。

⑥ 靠近排水立管底部的排水支管连接,应符合下列要求:

排水立管最低排水横支管与立管连接处距排水立管管底垂直距离不得小于表 6-10 的规定。

表 6-10 最低横支管与立管连接处至立管管底的最小垂直距离

立管连接卫生器具的层数	垂直距离(m)	
	仅设伸顶通气	设通气立管
≤4	0.45	按配件最小安装尺寸确定
5~6	0.75	
7~12	1.20	
13~19	底层单独排除	0.75
≥20	底层单独排除	1.20

注:单根排水立管的排出管宜与排水立管相同管径,一般排出管埋深为室内外高程差+1m。

(2) 排水支管连接在排出管或排水横干管上时,连接点距立管底部下游水平距离不得小于 1.5 m。

(3) 横支管接入横干管竖直转向管段时,连接点距转向处以下不得小于 0.6 m。

(4) 地漏应设置在易溅水的器具附近地面的最低处,如洗脸盆、大便器旁。

(5) 带水封的地漏水封深度不得小于 50 mm。

(6) 在生活排水管道上,应按下列规定设置检查口和清扫口:

① 塑料排水立管宜每 6 层设置一个检查口;但在建筑物最低层和设有卫生器具的二层以上建筑物的最高层,应设置检查口,目前要求层层设置检查口。

② 在连接 4 个及 4 个以上的大便器的塑料排水横管上宜设置清扫口。

(7) 在排水管道上设置清扫口,应符合下列规定:

① 在排水横管上设清扫口,宜将清扫口设置在楼板上,排水横管起点的清扫口与其端部相垂直的墙面的距离不得小于 0.2 m。

② 排水管起点设置堵头代替清扫口时,堵头与墙面应有不小于 0.4 m 的距离。

③ 在管径小于 100 mm 的排水管道上设置清扫口,其尺寸应与管道同径;在管径等于或大于 100 mm 的排水管道上设置清扫口,应采用 100 mm 直径清扫口。

④ 清扫口宜设置在排水横管初始端。

(8) 在排水管上设置检查口应符合下列规定:

① 立管上设置检查口,应在地(楼)面以上 1.00 m,并应高于该层卫生器具上边缘 0.15 m。

② 生活排水管道的立管顶端,应设置伸顶通气管。

(9) 下列排水管段应设置环形通气管:

① 连接 4 个及 4 个以上卫生器具且横支管的长度大于 12 m 的排水横支管;

② 连接 6 个及 6 个以上大便器的污水横支管。

环形通气管示意图详见图 6-21。

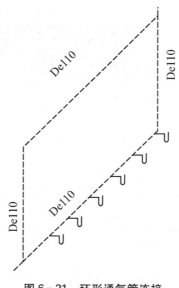

图 6-21　环形通气管连接

(10) 高出屋面的通气管设置应符合下列要求:

① 通气管高出屋面不得小于 0.3 m,东北地区不小于 0.7 m 且应大于最大积雪厚度,通气管顶端应装设风帽或网罩;

② 在通气管口周围 4 m 以内有门窗时,通气管口应高出窗顶 0.6 m 或引向无门窗一侧;

③ 在经常有人停留的平屋面上,通气管口应高出屋面 2 m。

6.2.2　排水系统创建

(1) 如果当前不处于机械样板所创建的项目中,需要创建一个新的项目,在项目样板中选择机械样板(具体操作详见新建风系统中的步骤)。

(2) 创建管道系统。

① 在项目浏览器中找到"族"节点,双击后找到"管道系统"节点(见图 6-22)。

② Revit 软件的管道系统族类型预设了"家用冷水"系统形式,如果需要增设新的系统(如实际工程需要高低分区等要求),对预设系统族类型进行复制,将新建的系统命名并设置好颜色和管道线的线宽以及线型(见图 6-23)。

图 6‐22 项目浏览器排水管道系统节点

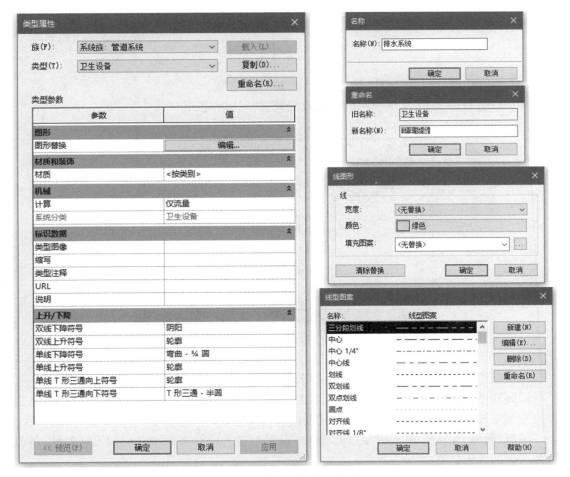

图 6‐23 排水管道系统创建

③ 在绘制管道时,在属性栏中切换创建的管道系统(见图 6-24)。

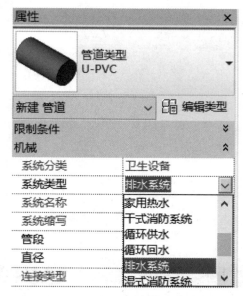

图 6-24 排水管道创建

(3)"系统"选项卡 ➤ "卫浴和管道"面板 ➤ 卫浴装置。

Revit 可以按照图 6-25 所示的目录找到所需"卫浴和管道"族。

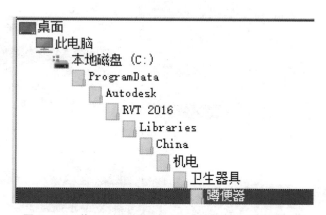

图 6-25 载入卫浴装置族"蹲便器"的文件路径对话框

在参数栏中可以修改卫浴装置的一些关于尺寸的设置(见图 6-26)。

以蹲便器为例进行设置,点击"编辑类型"进入类型属性设置对话框进行设置。默认高程设置卫浴装置距离地面的高度,部分需要贴着地面安装的卫浴装置(如大便器)无此参数。

编辑"机械"面板中的 WFU(排水当量),设置与现行设计规范中对应的设计参数,可以方便后面的水力计算。

编辑"尺寸标注"面板中的污水半径、冷水半径可以调整连接件的尺寸。

详见图 6-27。

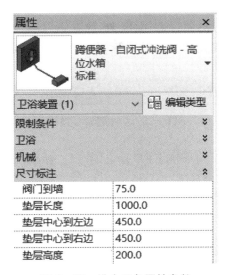

图 6‑26　排水设备属性参数

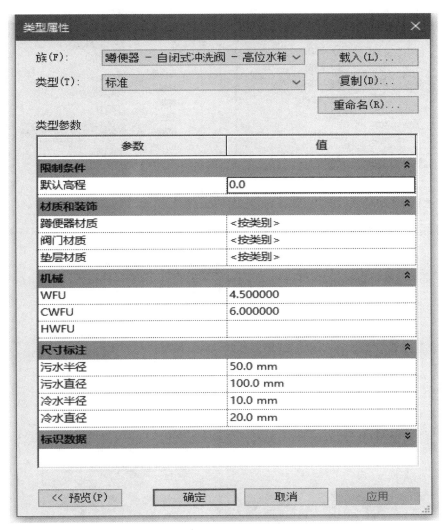

图 6‑27　排水设备类型属性参数

（4）"系统"选项卡 ▶ "卫浴和管道"面板 ▶ 管道。

在参数栏中可以修改管道的直径以及风管相对于本层地面的高度（见图 6 - 28）。

图 6 - 28　排水管道参数栏

在项目浏览器中找到"族"树形框下面"管道"节点、"标准"子节点，右键弹出菜单后选择"复制"，将复制出来的管道重命名。

重命名新类型的管道后点击右键，弹出菜单后选择"类型属性"命令，进行管材、管件、连接方式等设置（见图 6 - 29）。

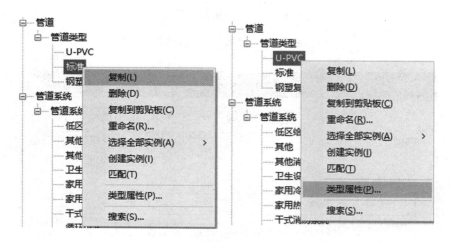

图 6 - 29　新增排水管道类型

在布管系统配置中可以定义管段尺寸的参数（见图 6 - 30）。

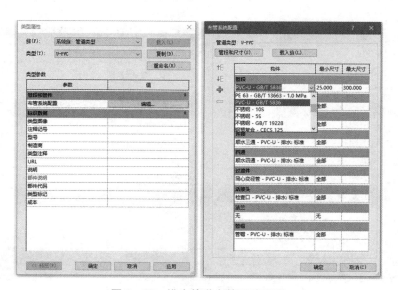

图 6 - 30　排水管道布管系统配置

（5）"系统"选项卡 ➤ "卫浴和管道"面板 ➤ 管件。

在属性栏中可以修改管件的标高以及相对于本层地面的高度（见图 6 - 31）。

图 6 - 31　排水系统管件属性参数

（6）"系统"选项卡 ➤ "卫浴和管道"面板 ➤ 管路附件。

在属性栏中可以修改管路附件的标高以及相对于本层地面的高度（见图 6 - 32）。

图 6 - 32　排水系统管件属性参数

6.2.3　排水系统 BIM 模型建立

（1）点击"系统"选项卡 ➤ "卫浴和管道"面板 ➤ 管道命令，依次修改偏移量（距本层地面高度）、系统类型、管段（管道类型）、直径（管径）（见图 6 - 33）。

图 6‑33　排水管道参数配置

（2）点击管道命令不松开，直接修改管道尺寸规格以及偏移量可以连续绘制高低、管径不同的管道（见图 6‑34、图 6‑35）。

图 6‑34　排水系统管道快捷属性参数栏

图 6‑35　排水管道连续绘制

（3）选择要连接的单个卫浴设备，再点击需要连接到的管道（见图6-36）。

图6-36　连接单个排水设备

（4）由于卫浴设备会有多种连接接口，因此需要选择具体的接口进行连接（见图6-37）。

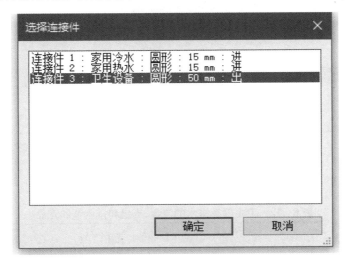

图6-37　卫浴设备排水连接件选择

（5）最终修改过的管路管件方向如图6-38所示。

图6-38　卫浴设备排水连接件连接管道

6.2.4　排水系统水力计算

住宅、宿舍（Ⅰ、Ⅱ类）、旅馆、宾馆、酒店式公寓、医院、疗养院、幼儿园、养老院、办公楼、商场、图书馆、书店、客运中心、航站楼、会展中心、中小学教学楼、食堂或营业餐厅等建筑生活排水管道设计秒流量，应按下式计算：

$$q_{p} = 0.12\alpha\sqrt{N_{p}} + q_{max}$$

式中：q_{p} ——计算管段排水设计秒流量，L/s；

N_{g} ——计算管段的卫生器具排水当量总数；

q_{max}——计算管上最大一个卫生器具的排水流量，L/s；

α ——根据建筑物用途而定的系数，参见表 6-11。

表 6-11　根据建筑物用途而定的系数 α 值

建筑物名称	住宅、宿舍（Ⅰ、Ⅱ类）、宾馆、酒店式公寓、医院、疗养院、幼儿园、养老院的卫生间	旅馆和其他公共建筑的盥洗室和厕所间
α 值	1.5	2.0~2.5

注：当计算所得流量值大于该管段上按卫生器具排水流量累加值时，应按卫生器具排水流量累加值计。

卫生器具排水的流量、当量和排水管的管径应按表 6-12 确定。

表 6-12　卫生器具排水的流量、当量和排水管的管径

序号	卫生器具名称		排水流量（L/s）	当量	排水管管径（mm）
1	洗涤盆、污水盆（池）		0.33	1.00	50
2	餐厅、厨房洗菜盆（池）	单格洗涤盆（池）	0.67	2.00	50
		双格洗涤盆（池）	1.00	3.00	50
3	盥洗槽（每个水嘴）		0.33	1.00	50~75
4	洗手盆		0.10	0.30	32~50
5	洗脸盆		0.25	0.75	32~50
6	浴盆		1.00	3.00	50
7	淋浴器		0.15	0.45	50
8	大便器	冲洗水箱	1.50	4.50	100
		自闭式冲洗阀	1.20	3.60	100
9	医用倒便器		1.50	4.50	100
11	小便器	自闭式冲洗阀	0.10	0.30	40~50
		感应式冲洗阀	0.10	0.30	40~50
	大便槽	≤4 个蹲位	2.50	7.50	100
		≥4 个蹲位	3.00	9.00	150

续表

序号	卫生器具名称	排水流量(L/s)	当量	排水管管径(mm)
12	小便槽(每米)自动冲洗水箱	0.17	0.50	
13	化验盆(无塞)	0.20	0.60	40~50
14	净身器	0.10	0.30	40~50
15	饮水器	0.05	0.15	25~50
16	家用洗衣机	0.50	1.50	50

注：家用洗衣机下排水软管直径为30mm，上排水软管内径为19mm。

6.2.5　排水计算算例

WL-1排水支管系统如图6-39所示。

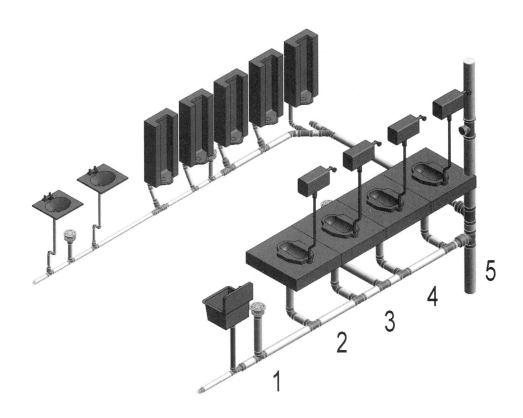

图6-39　排水支管系统透视图

WL-1排水立管的水力计算如表6-13所示。

表 6-13　WL-1 排水立管的水力计算表

计算管段编号	此管段当量数	当量总数 $\sum N_p$	设计秒流量（L/s）	管径 De(mm)	坡度（kPa/m）	设备名称
1	1.0	1.0	0.33	50	0.025	洗涤盆、污水盆（池）
2	4.5	5.5	1.83	110	0.012	大便器
3	4.5	10.0	2.26	110	0.012	大便器
4	4.5	14.5	2.41	110	0.012	大便器
5	4.5	19.0	2.55	110	0.012	大便器

WL-1 立管排水设计秒流量为

$$q_p = 0.12 \times 2.5\sqrt{N_p} + q_{max} = 4.26(L/s)$$

根据给排水规范得到排水塑料管（DN=100）中允许的最大排水量为 4.5 L/s，由于 4.26 < 4.5，因此仅需要设置伸顶通气管。

为保证排水通畅，立管底部和排出管管径应放大一号，取 De=160 mm，取标准坡度，查表可知，当坡度 i=0.007、充满度为 0.6 时，允许最大流量为 7.4 L/s，符合要求。

§6.3　消防系统设计

6.3.1　一般规定

下列建筑或场所应设置室内消火栓系统：

（1）建筑占地面积大于 300 m² 的厂房和仓库。

（2）高层公共建筑和建筑高度大于 21 m 的住宅建筑。

注：建筑高度不大于 27 m 的住宅建筑，设置室内消火栓系统确有困难时，可只设置干式消防竖管和不带消火栓箱的 DN65 的室内消火栓。

（3）体积大于 5 000 m³ 的车站、码头、机场的候车（船、机）建筑、展览建筑、商店建筑、旅馆建筑、医疗建筑、老年人照料设施和图书馆建筑等单、多层建筑。

（4）特等、甲等剧场，超过 800 个座位的其他等级的剧场和电影院等以及超过 1 200 个座位的礼堂、体育馆等单、多层建筑。

（5）建筑高度大于 15 m 或体积大于 10 000 m³ 的办公建筑、教学建筑和其他单、多层民用建筑。

6.3.2　室内消火栓设计流量

（1）建筑物室内消火栓设计流量应根据建筑物的用途功能、体积、高度、耐火极限、火灾危险性等因素综合确定。

（2）建筑物室内消火栓设计流量不应小于表 6-14 的规定。

表 4-14　建筑物室内消火栓设计流量

建筑物名称			高度 h(m)、层数、体积 V(m³)、座位数 n、火灾危险性	消火栓设计流量(L/s)	同时使用消防水枪数(支)	每根竖管最小流量(L/s)
民用建筑	单层及多层	科研楼、试验楼	$V \leqslant 10\,000$	10	2	10
			$V > 10\,000$	15	3	10
		车站、码头、机场的候车(船、机)楼和展览建筑(包括博物馆)等	$5\,000 < V \leqslant 25\,000$	10	2	10
			$25\,000 < V \leqslant 50\,000$	15	3	10
			$V > 50\,000$	20	4	15
民用建筑	单层及多层	剧场、电影院、会室、礼堂、体育馆等	$800 < n \leqslant 1\,200$	10	2	10
			$1\,200 < n \leqslant 5\,000$	15	3	10
			$5\,000 < n \leqslant 10\,000$	20	4	15
			$n > 10\,000$	30	6	15
		旅馆	$5\,000 < V \leqslant 10\,000$	10	2	10
			$10\,000 < V \leqslant 25\,000$	15	3	10
			$V > 25\,000$	20	4	20
		商店、图书馆、档案馆等	$5\,000 < V \leqslant 10\,000$	15	3	10
			$10\,000 < V \leqslant 25\,000$	25	5	15
			$V > 25\,000$	40	8	15
		病房楼、门诊楼等	$5\,000 < V \leqslant 25\,000$	10	2	10
			$V > 25\,000$	15	3	10
		办公楼、教学楼、公寓、宿舍等其他建筑	$h > 15$ 或 $V > 10\,000$	15	3	10
		住宅	$24 < h \leqslant 27$	5	2	5
	高层	住宅/普通	$27 < h \leqslant 54$	10	2	10
			$h > 54$	20	4	10
		二类公共建筑	$h \leqslant 50$	20	4	10
			$h > 50$	30	6	15
		一类公共建筑	$h \leqslant 50$	30	6	15
			$h > 50$	40	8	15
		地下建筑	$V \leqslant 5\,000$	10	2	10
			$5\,000 < V \leqslant 10\,000$	20	4	15
			$10\,000 < V \leqslant 25\,000$	30	6	15
			$V > 25\,000$	40	8	20

建筑物名称		高度 h(m)、层数、体积 V(m³)、座位数 n、火灾危险性	消火栓设计流量（L/s）	同时使用消防水枪数（支）	每根竖管最小流量（L/s）
人防工程	展览厅、影院、剧场、礼堂、体育健身场所等	$5\,000 < V \leqslant 10\,000$	5	1	5
		$10\,000 < V \leqslant 25\,000$	10	2	10
		$V > 25\,000$	15	3	10
	商场、餐厅、旅馆、医院等	$V \leqslant 5\,000$	5	1	5
		$5\,000 < V \leqslant 10\,000$	10	2	10
		$10\,000 < V \leqslant 25\,000$	15	3	10
		$V > 25\,000$	20	4	10
	丙、丁、戊类生产车间、自行车库	$V \leqslant 25\,000$	5	1	5
		$V > 25\,000$	10	2	10
	丙、丁、戊类物品库房、图书资料档案库	$V \leqslant 25\,000$	5	1	5
		$V > 25\,000$	10	2	10

6.3.3　高位消防水箱

（1）临时高压消防给水系统的高位消防水箱的有效容积应满足初期火灾消防用水量的要求，并应符合下列规定：

① 一类高层公共建筑，不应小于 36 m³，但当建筑高度大于 100 m 时，不应小于 50 m³，当建筑高度大于 150 m 时，不应小于 100 m³；

② 多层公共建筑、二类高层公共建筑和一类高层住宅，不应小于 18 m³，当一类高层住宅建筑高度超过 100 m 时，不应小于 36 m³；

③ 二类高层住宅，不应小于 12 m³；

④ 建筑高度大于 21 m 的多层住宅，不应小于 6 m³；

⑤ 工业建筑室内消防给水设计流量当小于或等于 25 L/s 时，不应小于 12 m³，大于 25 L/s 时，不应小于 18 m³；

⑥ 总建筑面积大于 10 000 m² 且小于 30 000 m² 的商店建筑，不应小于 36 m³，总建筑面积大于 30 000 m² 的商店建筑，不应小于 50 m³，当与本条第 1 款规定不一致时应取其较大值。

（2）高位消防水箱的设置位置应高于其所服务的水灭火设施，且最低有效水位应满足水灭火设施最不利点处的静水压力，并应按下列规定确定：

① 一类高层公共建筑，不应低于 0.10 MPa，但当建筑高度超过 100 m 时，不应低于 0.15 MPa；

② 高层住宅、二类高层公共建筑、多层公共建筑，不应低于 0.07 MPa，多层住宅不宜低于 0.07 MPa；

③ 工业建筑不应低于 0.10 MPa，当建筑体积小于 20 000 m³ 时，不宜低于 0.07 MPa；

④ 自动喷水灭火系统等自动水灭火系统应根据喷头灭火需求压力确定，但最小不应小

于 0.10 MPa;

⑤ 当高位消防水箱不能满足本条第 1 款～第 4 款的静压要求时,应设稳压泵。

(3) 高位消防水箱外壁与建筑本体结构墙面或其他池壁之间的净距,应满足施工或装配的需要。无管道的侧面,净距不宜小于 0.7 m;安装有管道的侧面,净距不宜小于 1.0 m,且管道外壁与建筑本体墙面之间的通道宽度不宜小于 0.6 m,设有人孔的水箱顶,其顶面与其上面的建筑物本体板底的净空不应小于 0.8 m。

(4) 高位消防水箱出水管管径应满足消防给水设计流量的出水要求,且不应小于 DN100。

(5) 高位消防水箱出水管应位于高位消防水箱最低水位以下,并应设置防止消防用水进入高位消防水箱的止回阀。

6.3.4　室内消火栓

(1) 室内消火栓的选用应符合下列要求:

① 应采用 DN65 室内消火栓,并可与消防软管卷盘或轻便水龙带设置在同一箱体内;

② 应配置公称直径 65 有内衬里的消防水带,长度不宜超过 25.0 m;

③ 多采用当量喷嘴直径 16 mm 或 19 mm 的消防水枪。

(2) 设置室内消火栓的建筑,包括设备层在内的各层均应设置消火栓(只要有一层设置消火栓,层层均需设置消火栓)。

(3) 室内消火栓的布置应满足同一平面有 2 支消防水枪的 2 股充实水柱同时到达任何部位的要求。

(4) 室内消火栓栓口的安装高度应便于消防带的连接和使用,其距地面高度宜为 1.1 m;其出水方向应便于消防带的敷设,并宜与设置消火栓的墙面成 90°角或向下。

(5) 室内消火栓宜按直线距离计算其布置间距,并应符合下列规定:消火栓按 2 支消防水枪的 2 股充实水柱布置的建筑物,消火栓的布置间距不应大于 30.0 m。

(6) 室内消火栓栓口压力和消防水枪充实水柱,应符合下列规定:

① 消火栓栓口动压力不应大于 0.50 MPa;当大于 0.70 MPa 时必须设置减压装置。

② 高层建筑、厂房、库房和室内净空高度超过 8 m 的民用建筑等场所,消火栓栓口动压不应小于 0.35 MPa,且消防水枪充实水柱应按 13 m 计算;其他场所,消火栓栓口动压不应小于 0.25 MPa,且消防水枪充实水柱应按 10 m 计算。

6.3.5　管网设计

(1) 室内消火栓系统管网应布置成环状,室内环状消火栓给水管网入口不应少于 2 个。

(2) 室内消火栓竖管管径应根据竖管最低流量经计算确定,但不应小于 DN100。

消火栓设计流量为 15 L/s 时管径采用 DN100,20 L/s 时采用 DN150。

(3) 每根竖管与供水横干管相接处应设置阀门。

(4) 竖管顶部和底部应设置阀门,当关闭两个阀门,影响的消火栓个数超过 5 个时,宜在竖管中间设置至少一个阀门。

6.3.6　消火栓系统创建

(1) 如果当前不处于机械样板所创建的项目中,需要创建一个新的项目,在项目样板中选择机械样板（具体操作详见新建风系统中的步骤）。

（2）创建管道系统。

① 在项目浏览器中找到"族"节点，双击后找到"管道系统"节点（见图 6-40）。

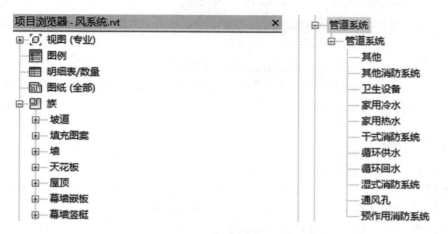

图 6-40　项目浏览器消防管道系统节点

② Revit 软件的管道系统族类型预设了"其他消防系统"系统形式，如果需要增设新的系统，可根据实际工程需要，对预设系统族类型进行复制，将新建的系统命名并设置好颜色和管道线的线宽以及线型（见图 6-41）。

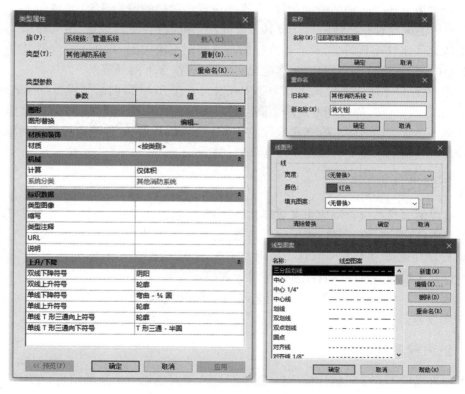

图 6-41　消防管道系统创建

③ 在绘制管道时,在属性栏中切换创建的管道系统(见图 6－42)。

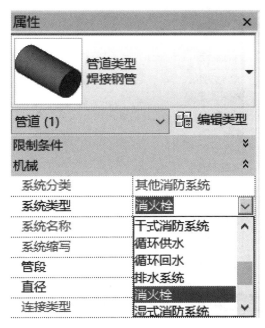

图 6－42 消防管道创建

(3) "系统"选项卡 ➤ "机械"面板 ➤ 机械设备。

Revit 内置的机械样板中不含"消防"族,因此需要按照图 6－43 所示的目录找到所需族。

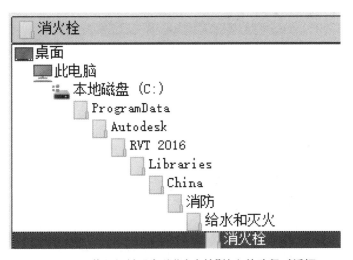

图 6－43 载入机械设备族"消火栓"的文件路径对话框

在参数栏中可以修改消防设备的所在流量以及自由标头(设备节点阻力)(见图 6－44、图 6－45)。

图 6-44　消防设备属性参数

图 6-45　消防设备类型属性参数

（4）"系统"选项卡 ➤ "卫浴和管道"面板 ➤ 管道。

在参数栏中可以修改管道的直径以及消防管道相对于本层地面的高度（见图 6 - 46）。

图 6 - 46　消防管道参数栏

在项目浏览器中找到"族"树形框下面"管道"节点、"标准"子节点，右键弹出菜单后选择"复制"，将复制出来的管道重命名。

重命名新类型的管道后点击右键，弹出菜单后选择"类型属性"命令，进行管材、管件、连接方式等设置（见图 6 - 47）。

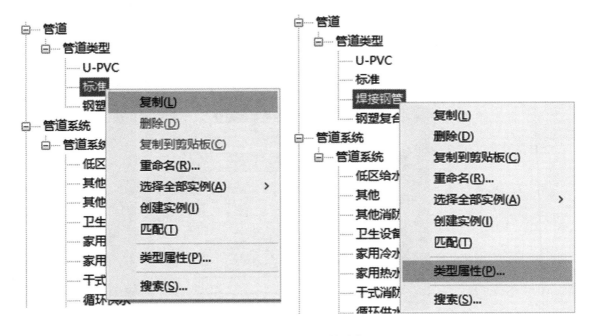

图 6 - 47　新增消防管道类型

在布管系统配置中可以定义管段尺寸的参数（见图 6 - 48）。

在属性栏中可以修改管道的对齐方式、参照标高、系统类型（见图 6 - 49）。

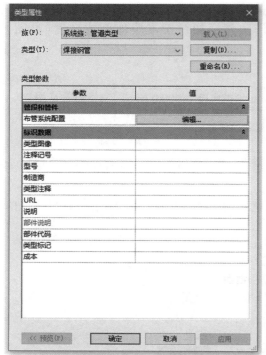
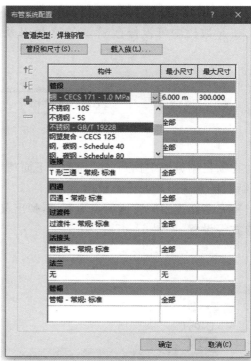

图 6-48　消防管道布管系统配置

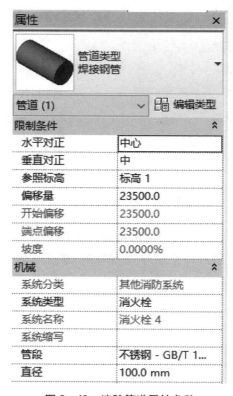

图 6-49　消防管道属性参数

（5）"系统"选项卡 ➤ "卫浴和管道"面板 ➤ 管件。

在属性栏中可以修改管件的标高以及相对于本层地面的高度（见图 6-50）。

图 6-50　消防系统管件属性参数

（6）"系统"选项卡 ➤ "卫浴和管道"面板 ➤ 管路附件。

在属性栏中可以修改管路附件的标高以及相对于本层地面的高度（见图 6-51）。

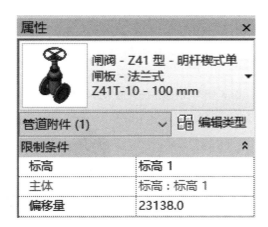

图 6-51　消防系统管路附件属性参数

6.3.7　消火栓系统 BIM 模型建立

（1）点击"系统"选项卡 ➤ "卫浴和管道"面板 ➤ 管道命令，依次修改偏移量（距本层地面高度）、系统类型、管段（管道类型）、直径（管径）（见图 6-52）。

图 6 - 52 消防管道参数配置

（2）点击管道命令不松开，直接修改管道尺寸规格以及偏移量可以连续绘制高低、管径不同的管道（见图 6 - 53、图 6 - 54）。

图 6 - 53 消防系统管道快捷属性参数栏

图 6 - 54 消防管道连续绘制

（3）选择要连接的单个卫浴设备，再点击需要连接到的管道（见图6-55）。

图6-55　连接单个消防设备

（4）连接后的消防设备如图6-56所示。

图6-56　消防设备连接管道

（5）最终建立完毕的消火栓管网 BIM 模型如图 6‑57 所示。

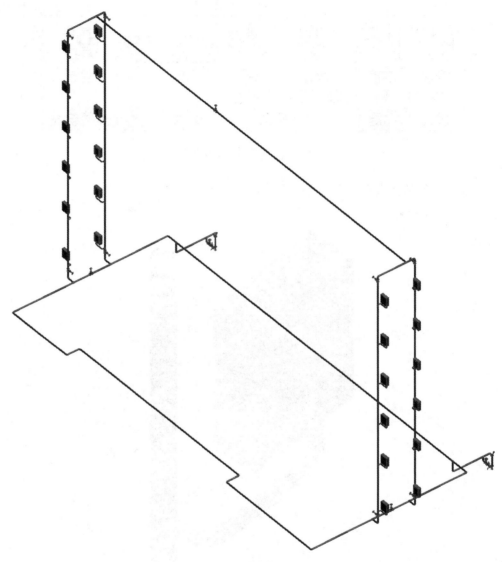

图 6‑57   消火栓管网

6.3.8   消火栓系统计算

一、消火栓保护半径计算

$$R = C \times L_d + h$$

式中：R ——消火栓保护半径，m。

C ——水带展开时的弯曲折减系数，一般取 0.8～0.9。

L_d ——水带长度。

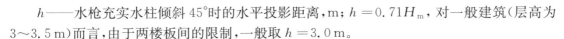

h——水枪充实水柱倾斜 $45°$ 时的水平投影距离，m；$h=0.71H_m$，对一般建筑（层高为 $3\sim3.5\,m$）而言，由于两楼板间的限制，一般取 $h=3.0\,m$。

H_m——水枪的充实水柱。

消火栓布置的间距：

$$S \leqslant \sqrt{R^2 - b^2}$$

式中：b——消火栓的最大保护宽度。

二、消火栓栓口压力计算

水枪喷嘴水压：

$$H_q = \frac{\alpha_f \times H_m}{1 - \varphi \times \alpha_f \times H_m}$$

水枪喷嘴流量：

$$q_{xh} = \sqrt{B \times H_q \div 10}$$

水带阻力：

$$h_d = A_z \times L_d \times q_{xh}^2 \times 10$$

栓口水压：

$$H_{xh} = H_q + h_d + H_k$$

式中：α_f——实验系数；

H_m——充实水柱长度，m；

φ——与水枪喷嘴口径有关的阻力系数；

B——水枪水流特性系数；

A_z——水带阻力系数；

L_d——水带长度，m；

H_k——消火栓栓口水头损失，一般按 $20\,kPa$ 计算。

6.3.9 消火栓水力计算算例

一、设计方案选择

按照规范要求，水龙带长度选 $25\,m$，立管管径不得小于 DN100 mm，水枪喷嘴直径选 $19\,mm$，水带口径选 $65\,mm$，为衬胶水带，弯曲折减系数为 0.8（一般取 $H_m = 12$），单排布置间距

$$L_s = 0.71 \times H_m = 0.71 \times 12 = 8.52 > 3$$

取 $3\,m$。

二、消火栓栓口压力计算

单支消火栓的保护半径为

$$R = C \times L_d + L_s = 0.8 \times 25 + 3 = 23(m)$$

通过规范中表格可以判断出充实水柱应选取 $12\,m$，所以消防水枪喷嘴水压为

$$H_q = \alpha_f \times \frac{H_m}{1 - \varphi \times \alpha_f \times H_m} = 1.21 \times \frac{12}{1 - 0.0097 \times 1.21 \times 12} \approx 16.9(\text{kPa})$$

单支水枪喷嘴流量为

$$q_{xh} = \sqrt{BH_q} = \sqrt{1.577 \times 16.9} \approx 5.2(\text{L/s})$$

水龙带阻力为

$$h_d = A_z \times L_d \times q_{xh}^2 = 0.00172 \times 25 \times 5.2 \times 5.2 \approx 1.16(\text{m})$$

消火栓栓口压力为

$$H_{xh} = H_q + h_d + H_k = 16.9 + 1.16 + 2 = 20.06(\text{m})$$

图 6 - 58 为给水水力计算示意图。

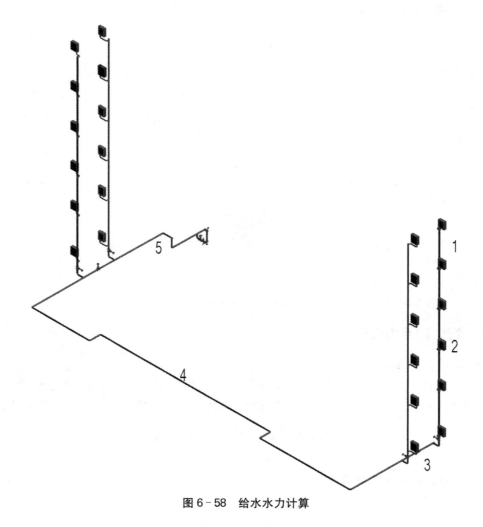

图 6 - 58　给水水力计算

水力计算结果如表 6 - 15 所示。

表 6-15　消火栓水力计算表

管段编号	设计流量(L/s)	管长 L(m)	DN(mm)	流速 v(m/s)	管阻 i(kPa/m)	沿程阻力(kPa)
1	5.2	3.300	100	0.637	0.087 77	0.290
2	10.9	14.600	100	1.273	0.350 52	5.118
3	16.1	27.297	100	1.910	0.789 09	21.540
4	16.1	42.098	100	1.910	0.789 09	33.219
5	16.1	42.225	100	1.910	0.789 09	33.319

$$\sum i \times L = 93.486 \text{kPa}$$

消防系统管网入口压力为

$$H = H_1 + H_{xh} + H_w = 19.8 \times 10 + 20.06 \times 10 + 93.486 = 492.086(\text{kPa})$$

6.3.10　灭火器的配置设计

一、火灾的分类

A 类火灾:固体物质火灾。

B 类火灾:液体或可熔化的固体物质火灾。

C 类火灾:气体火灾。

D 类火灾:金属火灾。

E 类火灾:带电火灾。物体带电燃烧的火灾。

F 类火灾:烹饪器具内的烹饪物(如动植物油脂)火灾。

二、建筑物危险等级

表示灭火器能够扑灭不同种类火灾的效能,由表示灭火效能的数字和灭火种类的字母组成。

建筑灭火器配置类型、规格和灭火级别基本参数举例见表 6-16。

表 6-16　手提式灭火器类型、规格和灭火级别

灭火器类型	灭火剂充装量(规格)		灭火器类型规格代码(型号)	灭火级别	
	L	kg		A 类	B 类
干粉 (磷酸铵盐)	—	1	MF/ABC1	1A	21B
	—	2	MF/ABC2	1A	21B
	—	3	MF/ABC3	2A	34B
	—	4	MF/ABC4	2A	55B
	—	5	MF/ABC5	3A	89B
	—	6	MF/ABC6	3A	89B
	—	8	MF/ABC8	4A	144B
	—	10	MF/ABC10	6A	144B

续表

灭火器类型	灭火剂充装量（规格）		灭火器类型规格代码（型号）	灭火级别	
	L	kg		A 类	B 类
二氧化碳	—	2	MT2	—	21B
	—	3	MT3	—	21B
	—	5	MT5	—	34B
	—	7	MT7	—	55B

三、民用建筑危险等级

民用建筑灭火器配置场所的危险等级，应根据其使用性质、人员密集程度、用电用火情况、可燃物数量、火灾蔓延速度、扑救难易程度等因素，划分为以下三级：

（1）严重危险级。使用性质重要、人员密集、用电用火多、可燃物多、起火后蔓延迅速、扑救困难、容易造成重大财产损失或人员群死群伤的场所。

（2）中危险级。使用性质较重要、人员较密集、用电用火较多、可燃物较多、起火后蔓延较迅速、扑救较难的场所。

（3）轻危险级。使用性质一般、人员不密集、用电用火较少、可燃物较少、起火后蔓延较缓慢、扑救较易的场所。

民用建筑灭火器配置场所的危险等级举例见表 6-17。

表 6-17　民用建筑灭火器配置场所的危险等级举例

危险等级	举　　例
严重危险级	① 县级及以上的文物保护单位、档案馆、博物馆的库房、展览室、阅览室
	② 设备贵重或可燃物多的实验室
	③ 广播电台、电视台的演播室、道具间和发射塔楼
	④ 专用电子计算机房
	⑤ 城镇及以上的邮政信函和包裹分拣房、邮袋库、通信枢纽及其电信机房
	⑥ 客房数在 50 间以上的旅馆、饭店的公共活动用房、多功能厅、厨房
	⑦ 体育场（馆）、电影院、剧院、会堂、礼堂的舞台及后台部位
	⑧ 住院床位在 50 张及以上的医院的手术室、理疗室、透视室、心电图室、药房、住院部、门诊部、病历室
	⑨ 建筑面积在 2 000 m² 及以上的图书馆、展览馆的珍藏室、阅览室、书库、展览厅
	⑩ 民用机场的候机厅、安检厅及空管中心、雷达机房
	⑪ 超高层建筑和一类高层建筑的写字楼、公寓楼
	⑫ 电影、电视摄影棚
	⑬ 建筑面积在 1 000 m² 及以上的经营易燃易爆炸化学物品的商场、商店的库房及铺面

续表

危险等级	举　例
	⑭ 建筑面积在 200 m² 及以上的公共娱乐场所
	⑮ 老人住宿床位在 50 张及以上的养老院
	⑯ 幼儿住宿床位在 50 张及以上的托儿所、幼儿园
	⑰ 学生住宿床位在 100 张及以上的学校集体宿舍
	⑱ 县级及以上的党政机关办公大楼的会议室
	⑲ 建筑面积在 500 m² 及以上的车站和码头的候车（船）室、行李房
	⑳ 城市地下铁道、地下观光隧道
	㉑ 汽车加油站、加气站
	㉒ 机动车交易市场（包括旧机动车交易市场）及其展销厅
	㉓ 民用液化气、天然气灌装站、换瓶站、调压站
中危险级	① 县级以下的文物保护单位、档案馆、博物馆的库房、展览室、阅览室
	② 一般的实验室
	③ 广播电台、电视台的会议室、资料室
	④ 设有集中空调、电子计算机、复印机等设备的办公室
	⑤ 城镇以下的邮政信函和包裹分拣房、邮袋库、通信枢纽及其电信机房
	⑥ 客房数在 50 间以下的旅馆、饭店的公共活动用房、多功能厅和厨房
	⑦ 体育场（馆）、电影院、剧院、会堂、礼堂的观众厅
	⑧ 住院床位在 50 张以下的医院的手术室、理疗室、透视室、心电图室、药房、住院部、门诊部、病历室
	⑨ 建筑面积在 2 000 m² 以下的图书馆、展览馆的珍藏室、阅览室、书库、展览厅
	⑩ 民用机场的检票厅、行李厅
	⑪ 二类高层建筑的写字楼、公寓楼
	⑫ 高级住宅、别墅
	⑬ 建筑面积在 1 000 m² 以下的经营易燃易爆化学物品的商场、商店的库房及铺面
	⑭ 建筑面积在 200 m² 以下的公共娱乐场所
	⑮ 老人住宿床位在 50 张以下的养老院
	⑯ 幼儿住宿床位在 50 张以下的托儿所、幼儿园
	⑰ 学生住宿床位在 100 张以下的学校集体宿舍
	⑱ 县级以下的党政机关办公大楼的会议室
	⑲ 学校教室、教研室
	⑳ 建筑面积在 500 m² 以下的车站和码头的候车（船）室、行李房
	㉑ 百货楼、超市、综合商场的库房、铺面

续表

危险等级	举 例
	㉒ 民用燃油、燃气锅炉
	㉓ 民用的油浸变压器室和高、低压配电室
轻危险级	① 日常用品小卖店及经营难燃烧或非燃烧的建筑装饰材料商店
	② 未设集中空调、电子计算机、复印机等设备的普通办公室
	③ 旅馆、饭店的客房
	④ 普通住宅
	⑤ 各类建筑物中以难燃烧或非燃烧的建筑构件分隔的并主要储存难燃烧或非燃烧材料的辅助房间

四、灭火器的选择

灭火器最大保护距离可参照消火栓最大保护距离。

(1) 设置在 A 类火灾场所的灭火器,其最大保护距离应符合表 6－18 的规定。

表 6－18　A 类火灾场所的灭火器最大保护距离(m)

危险等级	灭火器型式	
	手提式灭火器	推车式灭火器
严重危险级	15	30
中危险级	20	40
轻危险级	25	50

(2) 设置在 B、C 类火灾场所的灭火器,其最大保护距离应符合表 6－19 的规定。

表 6－19　B、C 类火灾场所的灭火器最大保护距离(m)

危险等级	灭火器型式	
	手提式灭火器	推车式灭火器
严重危险级	9	18
中危险级	12	24
轻危险级	15	30

(3) D 类火灾场所的灭火器,其最大保护距离应根据具体情况研究确定。

(4) E 类火灾场所的灭火器,其最大保护距离不应低于该场所内 A 类或 B 类火灾的规定。

五、灭火器最低配置基准

A 类火灾场所灭火器的最低配置基准应符合表 6－20 的规定。

表 6－20　A 类火灾场所灭火器的最低配置基准

危险等级	严重危险级	中危险级	轻危险级
单具灭火器最小配置灭火等级	3A	2A	1A
单位灭火级别最大保护面(m^2/A)	50	75	100

B、C 类火灾场所灭火器的最低配置基准应符合表 6－21 的规定。

表 6－21　B、C 类火灾场所灭火器的最低配置基准

危险等级	严重危险级	中危险级	轻危险级
单具灭火器最小配置灭火等级	89B	55B	21B
单位灭火级别最大保护面(m^2/B)	0.5	1	1.5

D 类火灾场所的灭火器最低配置基准应根据金属的种类、物态及其特性等研究确定。

E 类火灾场所的灭火器最低配置基准不应低于该场所内 A 类（或 B 类）火灾的规定。

六、灭火器配置设计计算

（1）灭火器配置计算单元应按下列规定划分：

① 当一个楼层或一个水平防火分区内各场所的危险等级和火灾种类相同时，可将其作为一个计算单元。

② 当一个楼层或一个水平防火分区内各场所的危险等级和火灾种类不相同时，应将其分别作为不同的计算单元。

③ 同一计算单元不得跨越防火分区和楼层。

（2）计算单元保护面积的确定应符合下列规定：

① 建筑物应按其建筑面积确定。

② 可燃物露天堆场，甲、乙、丙类液体储罐区，可燃气体储罐区应按堆垛、储罐的占地面积确定。

（3）灭火器配置设计计算。

$$Q = K \frac{S}{U}$$

式中：Q ——计算单元的最小需配灭火级别（A 或 B）；

S ——计算单位的保护面积（m^2）；

U ——A 类或 B 类火灾场所单位灭火器级别最大保护面积（m^2/A）；

K ——修正系数。

修正系数应按表 6－22 的规定取值。

计算单元	K
未设室内消火栓和灭火系统	1.0
设有室内消火栓系统	0.9
设有灭火系统	0.7
设有室内消火栓和灭火系统	0.5
可燃物露天堆场	
甲、乙、丙类液体储罐区	0.3
可燃气体储罐区	

6.3.11　灭火器的配置计算算例

该建筑工程是办公楼,根据设计规范得到该工程灭火器危险等级为轻危险级。

灭火器配置公式为

$$Q = K\frac{S}{U}$$

式中：Q ——灭火器配置场所的灭火级别,A 或 B;

S ——灭火器配置场所的计算单元面积,m^2;

U ——A 类火灾或 B 类火灾的灭火器配置场所相应危险等级的灭火器配置基准,该灭火级别最大保护面积,m^2/A 或 m^2/B;

K ——修正系数,取 0.9。

计算单元总面积：

$$S = 46.2 \times 19.8 = 914.76(m^2)$$

$K = 0.9$, $S = 914.76\ m^2$,最大保护面积 $U = 100\ m^2/A$。

$$Q = K\frac{S}{U} \approx 8.23(A)$$

灭火器计算数量

$$N = 8.23 \div 1 = 8.23(具)$$

灭火器实际使用数量不应小于 9 具,每个布置点应放置不少于 2 具磷酸铵盐干粉灭火器。

参考文献

［1］民用建筑供暖通风与空气调节设计规范:GB 50736—2012［S］.北京:中国建筑工业出版社,2012.

［2］陆耀庆.实用供热空调设计手册(第二版)［M］.北京:中国建筑工业出版社,2008.

［3］公共建筑节能设计标准:GB 50189—2015［S］.北京:中国建筑工业出版社,2015.

［4］暖通空调制图标准:GB/T 50114—2010［S］.北京:中国计划出版社,2010.

［5］中国建筑标准设计研究院.全国民用建筑工程设计技术措施:暖通空调·动力［M］.北京:中国计划出版社,2009.

［6］民用建筑热工设计规范:GB 50176—2016［S］.北京:中国建筑工业出版社,2017.

［7］建筑设计防火规范:GB 50016—2014(2018 年版)［S］.北京:中国计划出版社,2018.

［8］通风与空调工程施工质量验收规范:GB 50243—2016［S］.北京:中国计划出版社,2017.

［9］通风与空调工程施工规范:GB 50738—2011［S］.北京:中国建筑工业出版社,2012.

［10］办公建筑设计标准:JGJ/T 67—2019［S］.北京:中国建筑工业出版社,2020.

［11］通风管道技术规程:JGJ/T 141—2017［S］.北京:中国建筑工业出版社,2017.

［12］李一叶.BIM 设计软件与制图——基于 Revit 的制图实践［M］.重庆:重庆大学出版社,2017.

［13］建筑信息模型应用统一标准:GB/T 51212—2016［S］.北京:中国建筑工业出版社,2017.

［14］消防给水及消火栓系统技术规范:GB 50974—2014［S］.北京:中国计划出版社,2014.

［15］建筑给水排水设计标准:GB 50015—2019［S］.北京:中国计划出版社,2020.

［16］建筑灭火器配置设计规范:GB 50140—2005［S］.北京:中国计划出版社,2005.

图书在版编目(CIP)数据

基于 BIM 技术的暖通、给排水设计/刘峥,董傲霜主编. --上海:复旦大学出版社,2024.9. --(复旦卓越). -- ISBN 978-7-309-17566-0

Ⅰ. TU83-39;TU991-39

中国国家版本馆 CIP 数据核字第 2024EB7355 号

基于 BIM 技术的暖通、给排水设计

刘　峥　董傲霜　主编
责任编辑/陆俊杰

复旦大学出版社有限公司出版发行
上海市国权路 579 号　邮编:200433
网址: fupnet@fudanpress.com　http://www.fudanpress.com
门市零售: 86-21-65102580　　团体订购: 86-21-65104505
出版部电话: 86-21-65642845
上海新艺印刷有限公司

开本 787 毫米×1092 毫米　1/16　印张 14.75　字数 359 千字
2024 年 9 月第 1 版第 1 次印刷

ISBN 978-7-309-17566-0/T·763
定价: 49.00 元